普洱春秋

李瑞珍

普洱老茶系列暨茶诗书法集

仙仙普洱茶大观园 编著

中国人民大学出版社
·北京·

李瑞环：中共中央政治局原常委，第八、九届全国政协主席。

千年普洱，天下闻名。

味美可口，健康人生。

——李瑞环 题

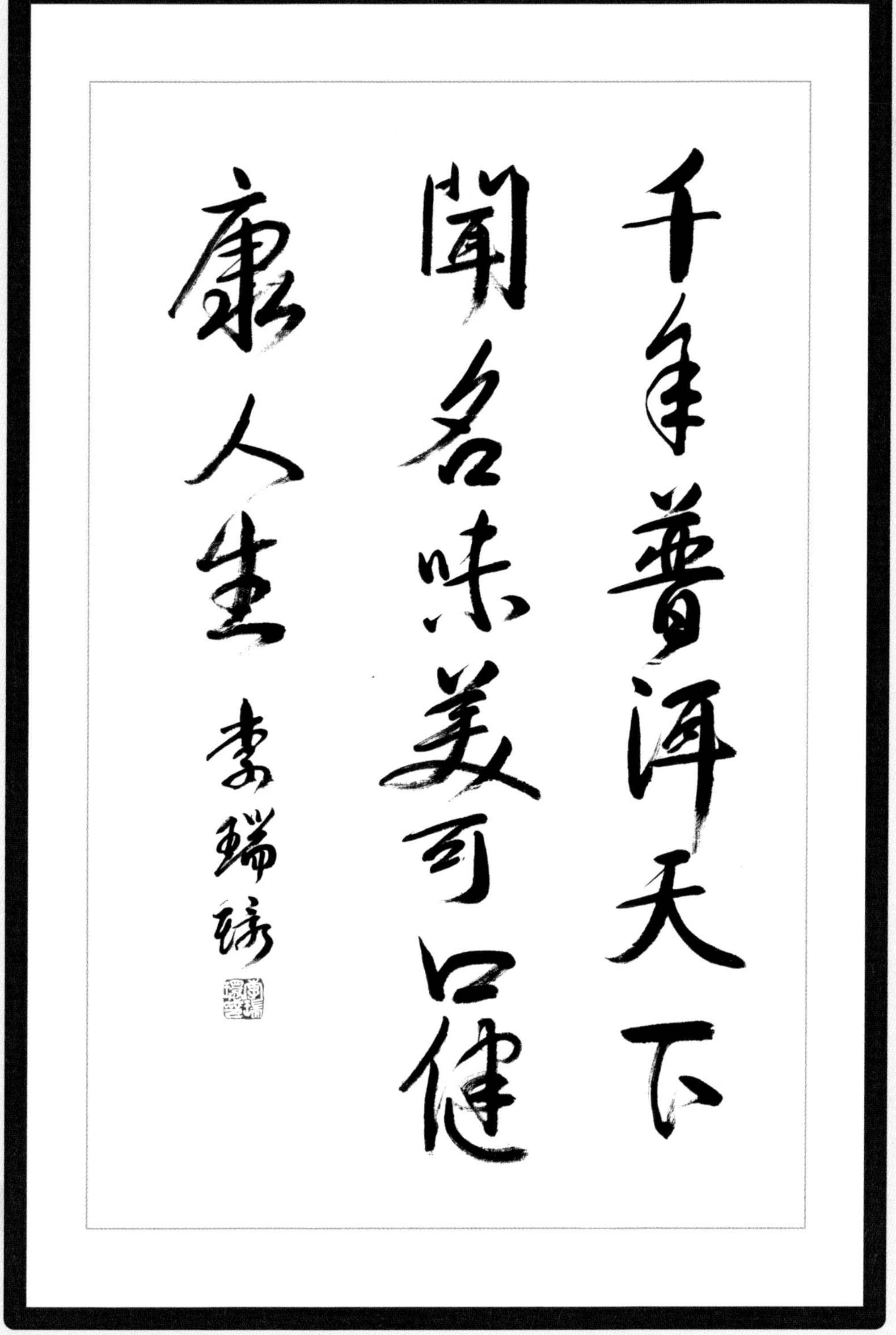
千年普洱天下
闻名味美可口健
康人生

何厚铧：全国政协副主席，澳门特别行政区原行政长官。

《普洱春秋》付梓纪念

茶韵仙氤

——何厚铧 题

《普洱春秋》付梓紀念

茶韻仙氣

公元二〇一六年十月 何厚鏵

陈文吨

一九六九年出生于福建晋江，一九八三年移居澳门。中华海外联谊会理事，陕西省政协委员，仙仙普洱茶大观园董事长。

『仙仙』，一九八九年由陈宝藏（陈文吨之父）创立于台湾。一九九五年，陈文吨子承父业，从事普洱茶经营。二〇〇四年五月，『仙仙』正式进驻广州；二〇〇五年一月在广州芳村开设店面，沿用在台湾时的店名『仙仙茶业』；二〇〇七年，珠海新店开业，将收集的古董普洱老茶系列陈列在此，正式将『仙仙茶业』命名为『仙仙普洱茶大观园』，时年，北京分公司设立；二〇〇九年，沈阳分公司设立；二〇一一年广州原芳村茶叶城店面乔迁至广州芳村启秀茶叶城，被定为仙仙普洱茶大观园总部；二〇一二年北京分公司沿用总部风格，重置于北京马连道第三区茶城；二〇一三年重置珠海分公司；二〇一五年，在古都西安新城区西北国际茶城设立西安分公司；二〇一七年，在湖北武汉汉阳区知音国际茶城设立分公司；二〇二〇年，在澳门设立分公司，成立『中国（澳门）普洱茶健康协会』，开发『茶朝』品牌……

全国性布局——南方市场、北方市场、东北市场、西北市场、中原市场、西南市场逐步完善起来。现阶段开启茶馆模式，广东肇庆开设了仙仙普洱茶大观园的第一家茶馆。

一边是商业责任，一边是文化使命。

首先，他将紫砂、青花瓷与普洱茶融合，创立『仙普堂』堂号，成立『仙普堂陶瓷大观园』，使之共同立足产业优势，打造多元化产业链，促进传统产业发展，发扬中华民族博大精深的文化精髓。

其次，他致力于对普洱茶知识的广泛宣传，引导消费者树立科学的喝茶理念。普洱茶属于后发酵茶，它的特性是需要经过一定时间的储放使其内含物产生本质变化。为此，他特别提出『喝老茶，藏新茶』的正确品饮方式。他还提出，普洱茶是资源的一种，收藏是为了传承，不可赋予它不相符的投资价值。他于二〇一七年一月编著的《普洱春秋》是他对普洱茶产业和文化的思考，全面梳理了普洱茶的历史，以图文相结合的方式呈现了能收集到的近乎完整的普洱老茶实物，旨在更好地延续普洱茶历史，发扬普洱茶文化，谱写普洱茶在新时代的价值与意义。

最后，他尊崇中华文化，深深体会到各类文化相辅相成的重要性。自古以来，『琴棋书画诗酒茶』，书法作为中国传统文化的重要载体，和作为载体之一的普洱茶文化相通相融，所以在编撰这本《普洱春秋——普洱老茶系列暨茶诗书法集》时，他融入了关于茶和普洱茶诗词的书法作品。其中，有十六首普洱茶的诗词，由《人民日报》（海外版）原主任编辑、中华诗词学会教培中心导师潘衍习所作，十分完整地呈现了普洱茶的历史。中国书法家协会主席苏士澍为传承中国悠久的书法文化不遗余力，并提出『写好中国字，做好中国人』的务实理念，陈文吨据此感悟并练习书写『写好中国字，做好普洱茶』条幅。特别要提及的是，在没有面对面交流的情况下，卢中南老师通过现代便捷的视频等沟通方式悉心教导，不厌其烦地指点和教授陈文吨书法技巧，经过三个月的反复练习，他的作品在二〇一九年十一月中国政协文史馆举办的『普洱春秋——普洱老茶系列暨茶诗书法展』中展示出来。『普洱春秋』展览的展品既有普洱老茶系列，还有紫砂和青花瓷，以及与茶有关的书法作品，举办这场普洱茶与茶诗书法及茶器结合的展览，这在国内外尚属首次。此次展览旨在更全面地诠释普洱茶文化，为广大普洱茶爱好者提供更多的普洱茶知识，促进普洱茶产业的可持续发展，延续古丝绸之路、茶马古道文化，推动普洱茶通过『一带一路』建设走向世界。

寫好中國字
己亥之秋
做好普洱茶
陳文噸書

书名题字：李瑞环

题　　词：何厚铧

作　　序：郑欣淼

首席顾问：余秋雨

顾　　问：	刘　枫	周国富	苏士澍
	张家坤	陈勋儒	钱铃戈
	牛旭光	廖泽云	吴志良
	季益顺	贺耀敏	卢中南
	马志毅	潘衍习	高　虹
	曹致友		
撰　　文：	陈文吨	龚玲玲	

李瑞环：中共中央政治局原常委，第八、九届全国政协主席。

何厚铧：全国政协副主席，澳门特别行政区原行政长官。

郑欣淼：文化部原副部长，故宫博物院故宫研究院原院长。

余秋雨：著名文化学者，普洱老茶品鉴专家。

刘　枫：中国国际茶文化研究会名誉会长，浙江省政协原主席。

周国富：中国国际茶文化研究会会长，浙江省政协原主席。

苏士澍：中国书法家协会主席，全国政协原常委。

张家坤：海峡两岸茶业交流协会创会会长，福建省原常务副省长。

陈勋儒：云南省茶叶流通协会创会会长，云南省原副省长。

钱铃戈：当代著名抽象画艺术家，澳门铃戈艺术基金会创会会长。

牛旭光：中共中央办公厅副部长级干部，山西省文化发展基金会高级顾问。

廖泽云：全国政协常委，澳门科技大学董事会主席。

吴志良：全国政协委员，澳门基金会行政委员会主席。

季益顺：中国工艺美术大师，中国陶瓷艺术大师。

贺耀敏：教授，博士生导师，中国人民大学副校长。

卢中南：中国书法家协会理事，第十至十二届全国政协委员。

马志毅：山东省政协常委，澳区省级政协委员联谊会会长。

潘衍习：中国书画收藏家协会副会长，《人民日报》（海外版）原主任编辑。

高　虹：中国书画收藏家协会副会长。

曹致友：江西省工艺美术大师，江西省高级工艺美术师。

陈文吨：中华海外联谊会理事，陕西省政协委员，仙仙普洱茶大观园董事长。

龚玲玲：仙仙普洱茶大观园总经理。

序

一颗茶心　千秋事业

郑欣淼

中国是茶的故乡，也是茶文化的发源地。据有关记载，中国茶的发现与利用远在神农时期。唐代陆羽的《茶经》是世界上第一部茶叶专著，该书既有对茶的描写，也有升华为精神的内容，成为中国茶文化形成的标志。唐代文人雅士以茶为题材的诗词、书画作品不少，已形成初始的茶道。此后，饮茶之风普及大江南北，饮茶品茗遂成为中国文化的一个重要组成部分。

在我国众多的茶叶品种中，普洱茶有着特殊的地位和影响。这种出产于我国云南的黑茶，其记载始见于明代谢肇淛所著《滇略》：『士庶所用，皆普茶也。』从雍正七年（一七二九年）开始，普洱茶作为清宫贡茶近二〇〇年。普洱茶中的女儿茶、茶膏、人头茶，深得帝王、后妃及贵族的喜爱，清宫中以饮普洱茶为风尚。当然普洱茶能够成为清廷贡茶，与它本身具有的优良特性相关。据《本草纲目拾遗》记载，普洱茶既能消食，又能治疗风热，还能外敷止血，而其疗效又多是『即愈』『立愈』，因此尤为神奇。故宫博物院目前仍留存的普洱茶膏和团茶中就有被视为国宝的『普洱金瓜贡茶』。这是现存陈年普洱贡茶中的绝品。由于贡茶的原料为大叶种普洱茶的一级芽茶，经过长期存放，会转变成金黄色，故称为金瓜贡茶，港台茶界称其为『普洱茶太上皇』。

清代是普洱茶发展的鼎盛时期，在当代，普洱茶更是受到人们的普遍欢迎。正是基于对普洱茶价值与文化内涵的深刻认识，陈文吨多年来从事普洱茶的收藏、经营以及普洱茶文化的弘扬工作，取得了令人瞩目的成绩。

陈文吨邀请我参观了他所珍藏的普洱茶，并翻阅了他所编写的《普洱春秋》一书，我深感后生精神可嘉。他不仅仅是在开茶庄经营，同时也是在为拓展茶产业做贡献，更是在为普洱茶文化的传承做贡献。他收藏了迄今为止传世的普洱老茶完整系列，从清朝的百年福元昌老字号、百年红标宋聘老字号茶等，到中华人民共和国成立后中国茶叶公司的二十世纪五十年代大红印茶、七十年代七子饼茶等等，一应俱全，并按照饼、砖、沱、散等系列完整地陈列在广州茶庄的展厅，是活脱脱的普洱茶发展历史的展示。

陈文吨不仅重视普洱茶的收藏，还重视茶文化，他认真探索了普洱茶的文化内涵。茶文化是茶艺与精神的结合，并通过茶艺表现精神，其反映在沏茶、赏茶、闻茶、饮茶、品茶等整个过程中，讲究饮茶用具、饮茶用水和煮茶艺术，并讲究与儒、道、释传统思想交融。陈文吨在这方面下了很大功夫。二〇一九年十一月，陈文吨在中国政协文史馆举办一场普洱茶展览，展品既有近乎完整的普洱老茶系列，还有紫砂和青花瓷，以及与茶有关的书法作品，力图给人们提供更多的关于普洱茶的知识。

陈文吨于二〇一七年编著过一本《普洱春秋》，主要介绍普洱茶的历史与功效，给茶界及普洱茶爱好者留下了深刻印象。现在他又编著第二本《普洱春秋》，这本书有许多新的东西，例如与饮茶关系密切的紫砂和青花瓷，当然还有一批名家的书法作品等。他认为，现在社会经济发展很快，人们生活水平普遍提高了，保健养生提上了日程，希望消费者能从茶的实际功效出发，形成良好的饮茶习惯；希望商人在经营中注重茶品质，正确宣传推广，打造优质品牌；希望制茶厂家在生产中注重技术的精进和优良制茶工艺的继承。这是一个美好的愿景，反映了他的格局，是值得称许的。

在本书即将付梓之际，笔者略赘以上感想，以为序言，并向诸君热情推荐本书。

目录

普洱号级茶……一
普洱印级茶……六
普洱七子饼茶……八
广云贡茶……一二
普洱砖茶……一四
普洱沱茶……一八
普洱茶出口装……二二
普洱号级茶圆筒……二四
普洱印级茶圆筒……二四
普洱七子饼茶圆筒（勐海）……二六
普洱七子饼茶圆筒（下关）……二六
黑茶……二八
宜兴紫砂……三〇
季益顺……三二

鲍志强……三三
王银芳……四二
顾跃鸣……四二
厉上清……四三
景德镇陶瓷……五八
曹致友……六一
茶诗书法作品……七六
苏士澍……七六
潘衍习……七七
卢中南……一〇二
普洱茶历史……一三四
普洱茶文化……一三八
普洱茶功效……一四六
后记……一五〇

普洱号级茶

从十九世纪末至一九四四年创立『云南中国茶叶贸易股份有限公司』（中国土产畜产进出口公司云南省分公司）期间私人茶庄制作的茶品。在此期间，主要是私人老字号茶庄自行生产普洱茶，以茶庄主人及茶号命名，具有较强的区域性和特殊性，这是普洱茶的基本生产形式，保留至今的号级茶，被称为『可以喝的古董』。号级茶主要的表现为药香、醇厚、气韵等等，这是号级茶的基本口感特征。历代私人茶庄的建立共同演绎了茶马古道的形成历史，历代所保留下来的私人制作的号级茶品共同形成了普洱茶制作的工艺与技术规范，给我们奠定了深入了解和研究普洱茶的基础。私人茶庄及所制作的普洱茶品共同体现了各时代社会与经济的演变历史。

百年白票福元昌圆茶

百年蓝票福元昌圆茶

百年紫票福元昌圆茶

二十年代车顺圆茶

百年红票宋聘圆茶

百年蓝票宋聘圆茶

百年宋聘圆茶

百年龙马同庆圆茶

百年双狮同庆圆茶

百年蓝票陈云圆茶

百年白票陈云圆茶

百年黑票陈云圆茶

百年红票陈云圆茶

百年同兴贡圆茶(向质卿)

百年同兴贡圆茶(向绳武)

百年大票敬昌圆茶

百年吉昌圆茶

百年杨聘圆茶

百年双狮鸿泰昌圆茶

二十年代同昌黄锦堂圆茶

二十年代同昌黄文兴圆茶

三十年代蓝票同昌黄记圆茶

三十年代红票同昌黄记圆茶

三十年代群记圆茶

三十年代本记圆茶

三十年代红票鼎兴圆茶

三十年代紫票鼎兴圆茶

三十年代乾利贞宋聘圆茶

三十年代云生祥圆茶

三十年代猛景圆茶

三十年代易武同兴贡圆茶

四十年代小票敬昌圆茶

四十年代江城胜利圆茶

四十年代高兴昌圆茶

四十年代思普圆茶

四十年代红票河内圆茶

四十年代紫票河内圆茶

四十年代兴顺祥圆茶

四十年代永茂昌圆茶

四十年代双花美记圆茶

四十年代宝城圆茶

四十年代乾利贞宋聘铁饼

五十年代江城圆茶

五十年代福禄贡圆茶

五十年代陈宽记圆茶

五十年代天信圆茶

五十年代宝以兴圆茶

五十年代鸿泰昌圆茶

普洱印级茶

自一九五〇年中国茶叶公司云南省公司（简称『中茶公司』）成立后生产红印圆茶开始，普洱茶生产从以私人制作为主导转变为以国有生产为主导。这是一个重大转变。印级茶生产的规模和方式、产品的选料和包装等都与号级茶不同。一九六七年，『中茶牌圆茶』改名为『云南七子饼茶』，这标志着印级茶时代的结束。印级茶有着和号级茶完全不一样的滋味，表现为木香、厚重、陈韵、气足等等，通常也会用印级味来表示味道。印级茶生产处于制茶工艺的改变时期，工厂开始尝试配茶技术，所以七子饼茶工艺是在印级茶工艺的基础上形成的，印级茶为普洱茶工艺的进一步完善奠定了坚实的基础。

五十年代细字大红印圆茶

五十年代无纸红印圆茶

五十年代红印铁饼

五十年代甲级蓝印圆茶

五十年代粗字大红印圆茶

五十年代乙级蓝印圆茶

五十年代大字绿印圆茶

五十年代小绿印圆茶

五十年代大黄印圆茶

五十年代蓝印铁饼

五十年代黄印铁饼

普洱七子饼茶

二十世纪六十年代中后期，『中茶牌圆茶』改名为『云南七子饼茶』，云南各大国营茶厂开始研究生产7532、7542、8582、7262、7572、8592、7581、8653等配方茶，进行规模化的生产，并制定规范的商品标准。印级茶与七子饼茶相交时期还有部分茶品，如勐海茶厂八中黄印青饼、七子大蓝印青饼等。在编号配方阶段，棉纸和内飞基本通用，用完一批再换另一批。七子饼茶的特点为：有木樟香，黏稠饱满，生津回甘依旧明显。

综合来看号级茶、印级茶、七子饼茶，随着时间推移，茶的香味由最初的鲜爽转为木樟香—木香—药香，茶的口感由最初的茶水结合转为黏稠饱满—厚重—醇厚，茶的感受由最初的苦涩刺激转为生津回甘—气足—入口即化。

一九六八年红印小青饼
（下关）

六十年代简体平版模铁饼
（昆明）

六十年代九字简体铁饼
（下关）

六十年代十九字简体铁饼
（下关）

六十年代十七字简体铁饼
（下关）

七十年代繁体铁饼
（下关）

八十年代8653铁饼
（下关）

六十年代七子大蓝印青饼
（勐海）

六十年代八中大黄印青饼
（勐海）

六十年代七子大黄印青饼
（勐海）

七十年代7542七子小黄印
青饼（勐海）

七十年代7542红丝带青饼
（勐海）

七十年代7542七三青饼
（勐海）

七十年代7532雪印青饼
（勐海）

七十年代水蓝印青饼
（勐海）

七十年代7572青饼
（勐海）

七十年代7532厚纸青饼
（勐海）

七十年代7542厚纸青饼
（勐海）

七十年代8582厚纸青饼
（勐海）

八十年代7532薄纸青饼
（勐海）

八十年代7542薄纸青饼
（勐海）

八十年代8582薄纸青饼
（勐海）

八十年代7542八八青饼
（勐海）

七十年代七子大蓝印熟饼
（勐海）

八十年代8592紫天熟饼
（勐海）

广云贡茶

二十世纪五十年代中后期，中国茶叶广东分公司（现为广东茶叶进出口有限公司）研发『人工加速后发酵工艺技术』（俗称『发水技术』）获得成功，出现了人工渥堆发酵生产的茶，打破了茶的后发酵需经过漫长时间的自然发酵之技术壁垒，确定了渥堆的温度、湿度、时间等参数，实现了普洱茶生产工艺技术质的飞跃，极大地促进了普洱茶的生产发展。由于工艺技术、茶原料配方及生产厂家的缘故，该技术生产的茶品被称为『广云贡饼』，意为广东云南茶之经典配方、贡品级品质，广云贡茶由此得名。

广云贡茶以云南茶原料为主、广东等地茶原料为辅，以广东制茶加工技术配制而成，因公司所配备原料的自行性和多样性，茶口感各有风味。

五十年代广云贡饼
（广东）

六十年代广云贡饼
（广东）

七十年代广云贡饼
（广东）

八十年代广云贡饼
（广东）

六十年代二百五十克广云贡沱
（广东）

七十年代二百五十克广云贡沱
（广东）

八十年代外销日本广云贡饼
（广东）

普洱砖茶

公司制实行以后，茶厂除了生产七子饼茶外，也生产砖茶，重量以五百克、二百五十克为主，代表茶品『文革』青砖为中茶公司一九六七年生产的第一批砖茶，因其为『文化大革命』时期生产的茶品，所以很有代表性，具体有下关茶厂『文革』青砖、勐海茶厂『文革』青砖等。随后，昆明茶厂成功研发人工渥堆发酵工艺，研发了第一批普洱茶熟砖，即『七三』厚砖。从此，一系列的砖茶生产如火如茶地展开，因公司制后的计划性及产品特性，茶界有『勐海饼、昆明砖、下关沱』的说法。当时生产砖茶的茶厂有云南省农工商实业公司制茶车间、花园茶厂、西山顺德茶厂、临沧茶厂等等，砖茶的生产由此开展并延续至今。

三十年代可以兴砖

七十年代油光纸七三厚熟砖
（昆明）

七十年代白油光纸七三厚熟砖
（昆明）

七十年代油光纸『文革』熟砖
（昆明）

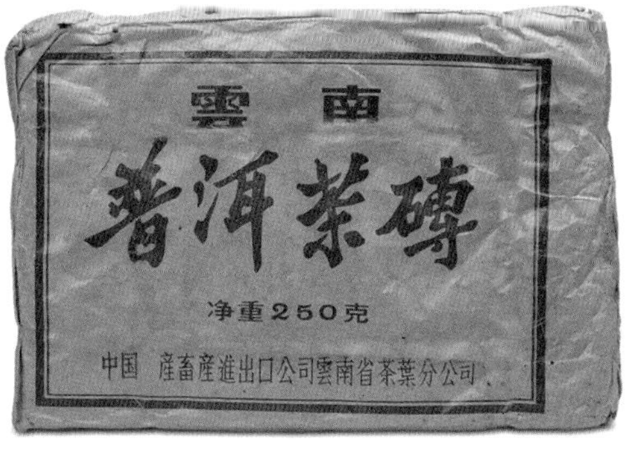

七十年代白油光纸『文革』熟砖
（昆明）

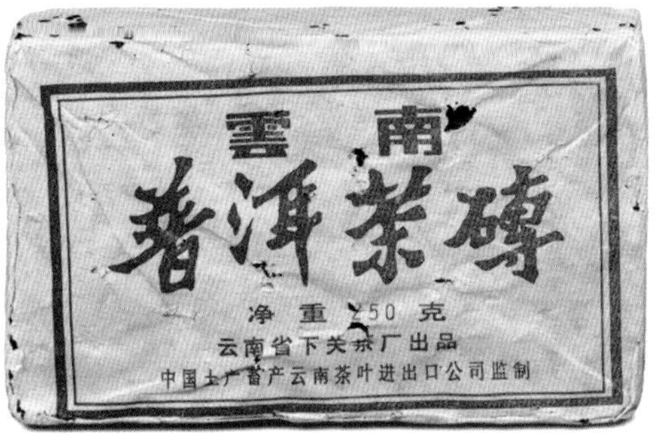

七十年代净重熟砖
（下关）

八十年代净含量熟砖
（下关）

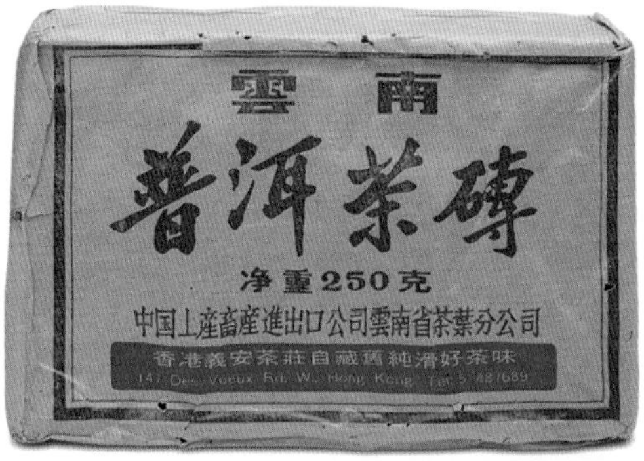

八十年代香港义安熟砖
（昆明）

八十年代销法国盒装熟砖
（昆明）

一九八五年八中绿印厚熟砖
（昆明）

一九八六年八中红印厚熟砖
（昆明）

一九九一年普洱方砖
（勐海）

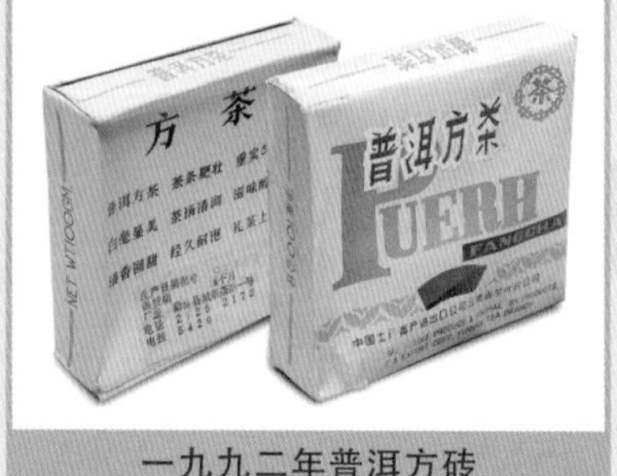

一九九二年普洱方砖
（勐海）

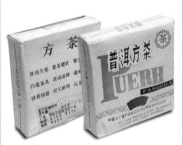

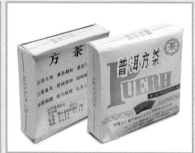

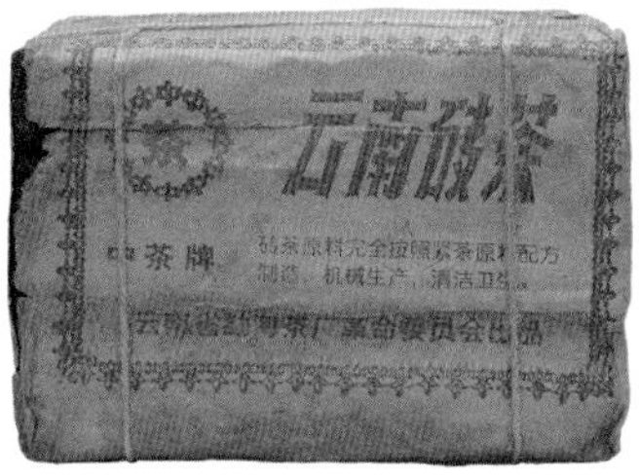

一九六八年二百五十克革命委员会青砖（勐海）四片装

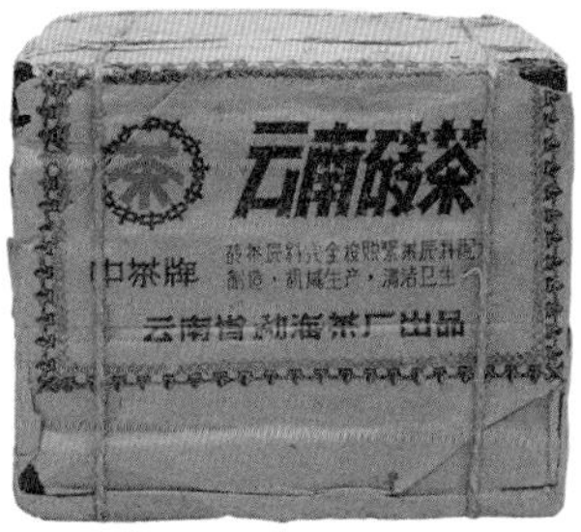

七十年代初二百五十克青砖（勐海）五片装

一九七六年二百五十克青砖（勐海）四片装

七十年代二百五十克边销青砖（下关）五片装

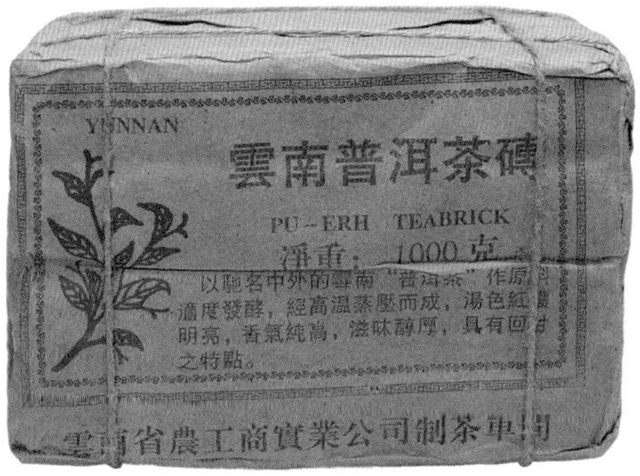

八十年代二百五十克熟砖四片装

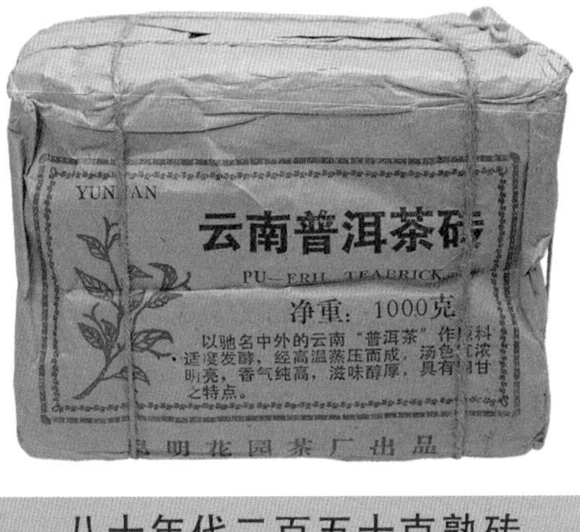

八十年代二百五十克熟砖四片装

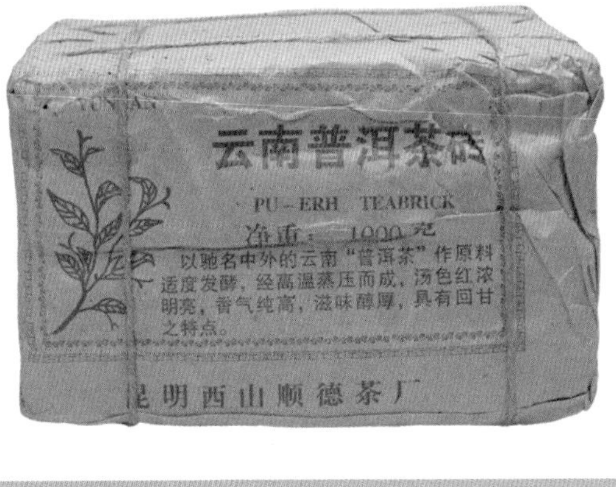

八十年代二百五十克熟砖四片装

普洱沱茶

公司制实行以来，普洱茶开始了多类别、多类型的生产。沱茶属于『紧压茶』之一，重量以五百克、二百五十克、一百克为主，主要由下关茶厂生产，内销西藏、四川等边藏地区，远销缅甸、马来西亚等地，后来开始大量地销往法国等地。下关茶厂的技术力量、质量检验制度等，使得沱茶被冠以多种称号，有『商检』标、外销『云南沱茶』标、『松鹤』标等等。除下关茶厂外，同时也有多家茶厂生产沱茶，如勐海茶厂、昆明茶厂、临沧茶厂、南涧茶厂、花园茶厂等。

三十年代鼎兴紧茶

三十年代猛景紧茶

七十年代黄印青沱(勐海)

八十年代吉幸牌紧茶(昆明)

一九七九年红商检青沱(下关)

一九八五年黑商检青沱(下关)

一九八四年黑商检青沱(下关)

一九八六年黑商检青沱(下关)

一九八八年黑商检青沱(下关)

一九八九年黑商检青沱(下关)

一九九一年红商检青沱(下关)

一九九二年红商检青沱(下关)

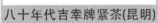

一九九三年红商检青沱(下关)

一九九四年红商检青沱(下关)

一九九五年红商检青沱(下关)

一九九六年红商检青沱(下关)

一九七九年甲级青沱(下关)

一九八二年甲级青沱(下关)

一九八四年大理青沱(下关)

一九九二年甲级青沱(下关)

一九九三年甲级青沱(下关)

一九九四年甲级青沱(下关)

一九八八年盒装销法熟沱(下关)

一九九二年盒装销法熟沱(下关)

七十年代银毫熟沱(临沧)

七十年代银毫熟沱(临沧)

八十年代银毫熟沱(临沧)

八十年代银毫熟沱(临沧)

八十年代银毫青沱(临沧)

九十年代银毫青沱(临沧)

七十年代凤凰熟沱(南涧)

七十年代凤凰熟沱(南涧)

八十年代凤凰熟沱(南涧)

九十年代凤凰熟沱(南涧)

八十年代健身熟沱(临沧)

九十年代金冠熟沱(花园)

普洱茶出口装

改革开放以来，普洱茶的设计、印刷及包装添加了更多文化艺术元素，普洱茶出口装也发生了一些变化。一般而言，按照茶叶外贸出口的要求，外包装使用硬纸箱、纸盒、金属盒等等，印刷也采用了彩色印刷技术，更为高端些的采用彩色凹印技术等，使得普洱茶的包装形式多样。这不仅体现了普洱茶产业的发展进步，同时也体现了改革开放的新成果。

雲南
普洱茶
20袋装
100克 纯正
雲南
普洱茶
高级雲南普洱茶
普洱绿茶
普洱
绿茶
PEERLUCHA
春尖
YONGDE
吉幸普洱茶
YUNNAN
雲南
普洱茶
PO NEE TEA
茶洱普
NET WT. 8 OZ.
(227 g)
1990

普洱号级茶圆筒

普洱号级茶圆筒是目前所保留的普洱茶的最原始包装，传统工艺制作标准如下：每筒七片，用竹箬包装，竹篾捆绑竹箬，每片茶压制以内飞为记，并有内票作为解说，说明生产商号、原料出处，每片茶无棉纸包装，等等。这可以说是精工细作、毕智穷工，具有极高的历史价值。

普洱印级茶圆筒

印级茶时代开始使用旧式压模，并开始规模化和规范化生产，每筒七片，内飞统一设计印制，多以注册商标为主，不同于号级茶的地方是，印级茶每片包有统一印制的棉纸，棉纸上印有『中茶牌圆茶』『中国茶叶公司云南省公司』字样和『八中茶』商标，普洱印级茶的名称既有用『八中茶』商标中『茶』字的颜色作为主要区别的特征，如『大红印圆茶』『蓝印圆茶』『绿印圆茶』『黄印圆茶』等，也有用普洱茶所使用的压模形式结合商标中『茶』字的颜色来定名称，如『红印铁饼』『蓝印铁饼』。普洱印级茶同样用竹箬包装、竹篾捆绑。普洱印级茶是早期公司制生产方式的历史见证。

百年红票宋聘圆茶

三十年代乾利贞宋聘圆茶

三十年代猛景圆茶

三十年代易武同兴贡圆茶

四十年代永茂昌圆茶

四十年代兴顺祥圆茶

五十年代鸿泰昌圆茶

五十年代天信圆茶

五十年代大红印圆茶

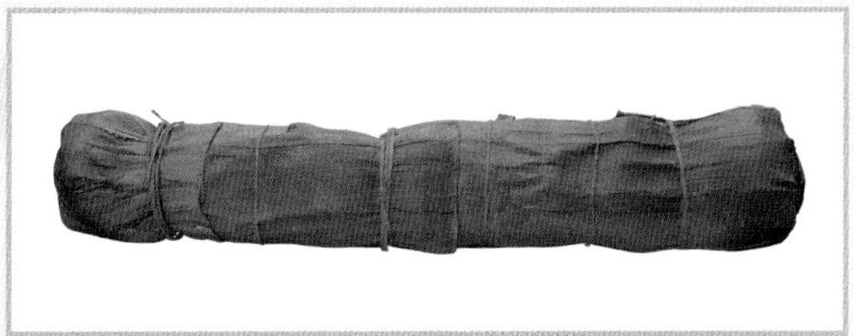
三十年代猛景紧茶

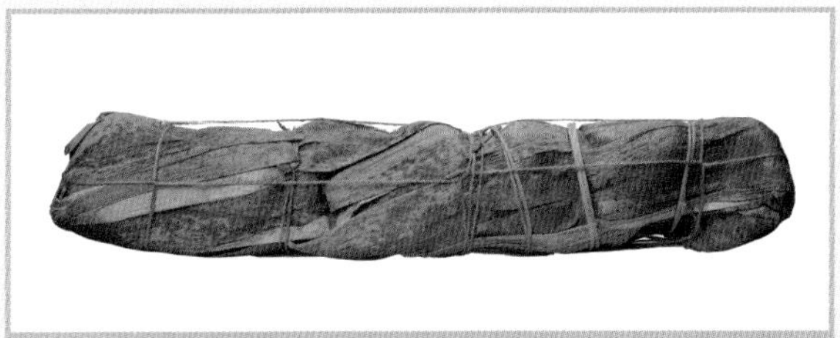
七十年代班禅紧茶

普洱七子饼茶圆筒（勐海）

继实行公司制生产后，二十世纪七十年代初，中国土产畜产进出口公司云南省分公司继续规范普洱茶的生产与出口，进一步完善普洱茶的商品定义，将其形状、重量、包装规格等标准化。每筒七片、每片三百五十七克的标准便是在该阶段开始实施的，并以内飞为记。在印级茶棉纸基础上，设计了规范的七子饼茶棉纸外包纸，竹箬包装，开始采用铁丝捆绑竹箬。大部分为勐海茶厂生产。

普洱七子饼茶圆筒（下关）

下关茶厂生产的七子饼茶，以特殊模制紧实为特征，每筒采用纸袋包装。

这些都是普洱茶发展历史过程中的国有企业负责市场与经营，茶厂负责生产与销售的计划经济时代的产物。

六十年代简体平版模铁饼
（昆明）

六十年代简体铁饼
（下关）

七十年代繁体铁饼
（下关）

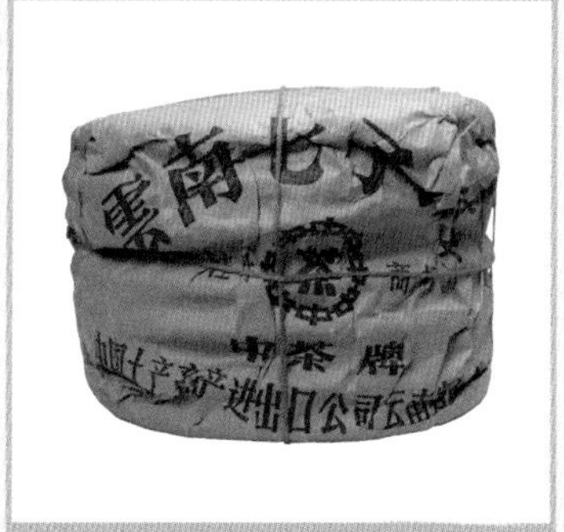

八十年代8653铁饼
（下关）

八十年代平版模铁饼
（下关）

七十年代7532雪印青饼
（勐海）

七十年代7542七三青饼
（勐海）

七十年代7542厚纸青饼
（勐海）

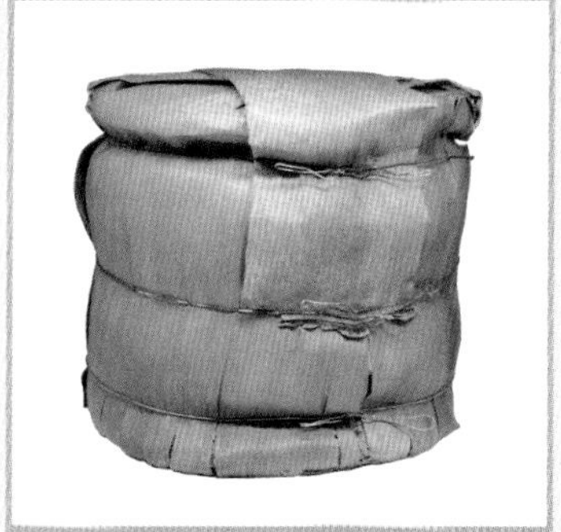

八十年代8582厚纸青饼
（勐海）

八十年代7542八八青饼
（勐海）

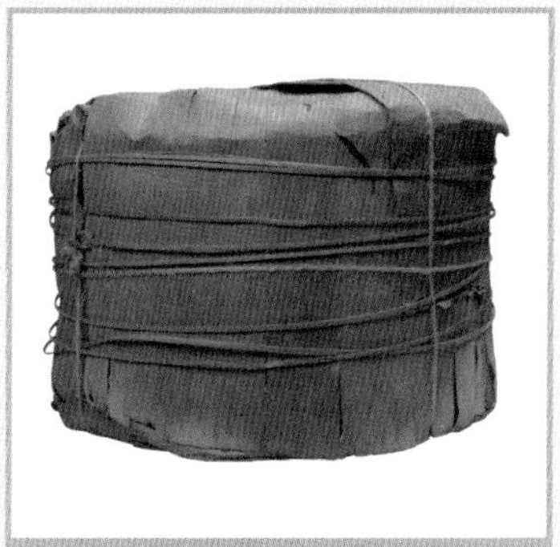

六十年代广云贡饼
（广东）

八十年代广云贡饼
（广东）

黑茶

黑茶，是六大茶类之一，属后发酵茶，是中国特有的茶类。主要产于安徽、广西、湖南、云南等地。据载，『黑茶』二字最早见于唐朝，以文字『商茶低伪，悉征黑茶，……官茶易马，商茶给卖』为记。在漫长时间的沉淀下，品种可概分为散装、卷制和紧压三大类，至今仍然保留有很多老黑茶，例如：安徽的六安茶，极其有药效；广西的六堡茶，性温，消暑祛湿等；湖南的千两茶，性微寒，清热解毒等。它们因其性质都为后发酵，与普洱茶一样都是中国茶历史和文化的重要组成部分。

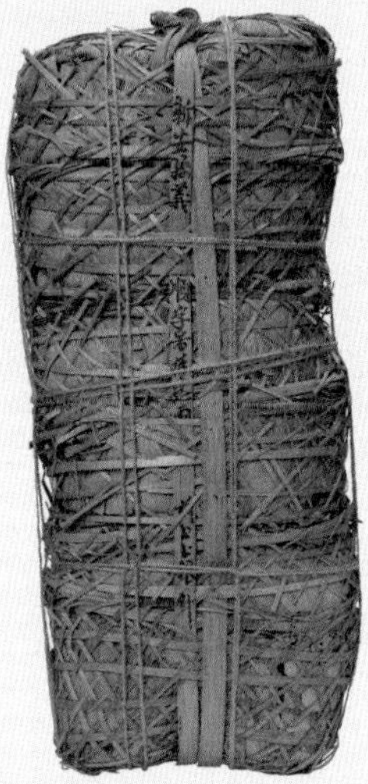

四十年代孙义顺六安茶
（安徽）

五十年代六堡茶
（广西）

六十年代孙义顺六安茶
（安徽）

五十年代千两茶
（湖南）

五十年代天尖茶
（湖南）

宜兴紫砂

紫砂陶器作为一种富有艺术性的手工制品，是陶文化与茶文化的结晶，它不只是实用的器具，更从工艺品升华为艺术品。宜兴制陶的历史十分悠久，当地已经发现多处新石器时代的文化遗址。宜兴紫砂壶的烧造，根据二十世纪七十年代发现的筱王古窑遗址，最早可追溯到宋代，兴盛于明代。紫砂壶作为中国陶瓷艺术的一朵奇葩，蕴含着浓厚的美学精神，是我国宝贵的非物质文化遗产。它方圆皆融，自然生动，简洁明了，以其质朴的韵味及深厚的文化品位风靡天下，独领风骚。

中国紫砂陶器的发展历史，就是紫砂艺术薪火相传的历史。紫砂艺术以工艺美术为根，以传统文化为源，以茶文化为媒，除了体现日用功能、陈设审美、把玩品味，更体现出科学和艺术的融汇、技术与艺术的结合、实用与功能的统一。紫砂艺术的生命力是专存的、延续的、发展的，它充分展示了博大精深的中国紫砂陶艺文化。

随着人们文化艺术生活的发展，对美的追求和对生活的热爱更加多样。在传统的紫砂壶历史文化基础上，创新是发展的灵魂，唯有创新才是推动紫砂艺术进步的源泉。创新繁荣了我们的紫砂艺术事业，展现了紫砂工艺无穷的艺术魅力。

季益顺

一九六〇年生于江苏宜兴。

现为中国工艺美术大师，中国陶瓷艺术大师。一九七八年进入宜兴紫砂工艺厂学习，一九八三年在中央工艺美术学院深造。天赋加勤奋，他不仅继承了传统，把握了紫砂本质语言，而且创立了花与素相融、赏与美皆用、情趣灵动、风格独特的紫砂艺术风格。二〇〇〇年前后，他对紫砂工艺有了更深的理解，作品从中国吉祥的语言出发，借物寓意，表达了中华文化的厚重、沉稳。

传承与创新，热爱和责任，创作数百，花素兼容，皆在一『趣』。

鲍志强

一九四六年生于江苏宜兴。

现为中国工艺美术大师，中国陶瓷艺术大师。一九五九年进宜兴紫砂工艺厂学习陶刻，一九六二年学习制壶技艺，一九七五年在中央工艺美术学院陶瓷艺术系进修，后致力于紫砂艺术的创作研究。善设计制陶，尤擅陶刻装饰，对书法、绘画、篆刻、紫砂史等方面均有独到研究，作品表现形式集紫砂陶造型设计和制作、诗书画刻于一体，注重以文化主导紫砂艺术的设计思路，形成了鲜明的个人艺术风格。作品被收藏于中南海紫光阁、故宫博物院、南京博物院等，并多次出版专著和举办个人展览。

作品作者：季益顺

作品书法：李瑞环

作品刻字：鲍志强

作品名称：秦权

作品文字：平心静气

平心靜氣

平心靜氣

作品作者：季益顺

作品书法：李瑞环

作品刻字：鲍志强

作品名称：德钟

作品文字：千年普洱，天下闻名。
味美可口，健康人生。

千年普洱
天下闻名
味美可口
健康人生

作品作者：季益顺

作品书法：卢中南

作品刻字：鲍志强

作品名称：六方瓶

作品文字：世味年来薄似纱，谁令骑马客京华。

小楼一夜听春雨，深巷明朝卖杏花。

矮纸斜行闲作草，晴窗细乳戏分茶。

素衣莫起风尘叹，犹及清明可到家。

（宋·陆游《临安春雨初霁》）

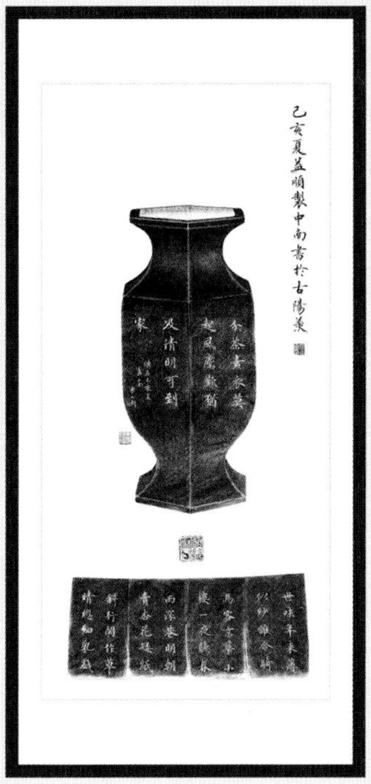
乙亥夏益順製中南書於古陽羨

斜行閑作草
晴窗細乳戲
分茶素衣莫
起風塵歎猶
及清明可到
家
馬客京華小
樓一夜聽春
雨深巷明朝
賣杏花矮紙

作品作者：季益顺

作品书法：卢中南

作品刻字：鲍志强

作品名称：六方瓶

作品文字：翦裁苍雪出淇园，菌蠢龙头制作偏。

紫笋香浮阳羡雨，玉笙声沸惠山泉。

肯藏太乙烧丹火，不落天随钓雪船。

只好岩花苔石上，煮茶供给赵州禅。

（明·陶振《咏孟端溪山渔隐长卷》）

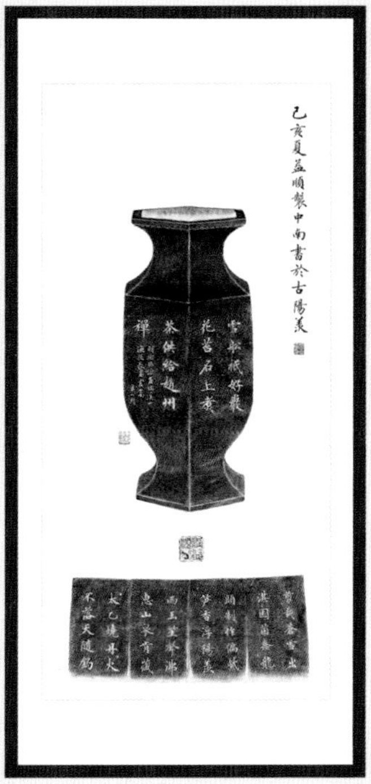
乙亥夏益順製中南書於古陽羡

太乙燒丹火
不落天隨鈞
雪舩秖好褩
花茗石上煑
茶供給趙州
禪
頭制作偏
笋香浮陽羡

王银芳

一九七二年出生于江苏宜兴。

高级工艺美术师，一九七八年涉足紫砂行业，一九八九年进入紫砂工艺厂研究所，从艺三十年。她在紫砂风格上推陈出新，糅合自己的审美观及思维成一体，并试制各种五彩泥色，将之表现为植物、虫、草等。她的作品摹真传神，心悟手从，明晰动人，洋溢着生活气息，平稳中求动感，实用中求美观，文雅中求情趣，形成了自己独有的壶艺风格。

顾跃鸣

一九五八年出生于江苏宜兴。

高级工艺美术师，陶刻家。他从事紫砂艺术工作几十年，自制，自书，自刻，风格自成一体。诸多作品获奖并入编《当代中国紫砂图典》，并发表论文《紫砂陶刻之书法艺术》等。

厉上清

一九七九年出生，祖籍山东日照。

高级工艺美术师。作品重意境，高古冷逸，陶刻技艺全面，第一个将「乱刀刻法」提升到了理论高度。诸多作品曾被国内十几家艺术媒体收录或连载，国家大型月刊《收藏界》曾对其人其艺做过多次专门报道：二〇一二年春，《收藏天下》栏目组为其拍摄专题片『佛门陶刻家——厉上清』；二〇一二年夏，《陶行天下》栏目组为其拍摄专题片『刻刀下的精彩人生——厉上清』。

作品作者：王银芳

作品书法：卢中南

作品刻字：顾跃鸣

作品名称：冰清玉洁

作品文字：过水穿楼触处明，藏人带树远含清。

（唐·李商隐《月》）

己亥夏銀芳製中南書於古陽羨

作品作者：王银芳

作品书法：卢中南

作品刻字：厉上清

作品名称：四方瓶

作品文字：天赋识灵草，自然钟野姿。

闲来北山下，似与东风期。

雨后探芳去，云间幽路危。

惟应报春鸟，得共斯人知。

（唐·陆龟蒙《奉和袭美茶具十咏·茶人》）

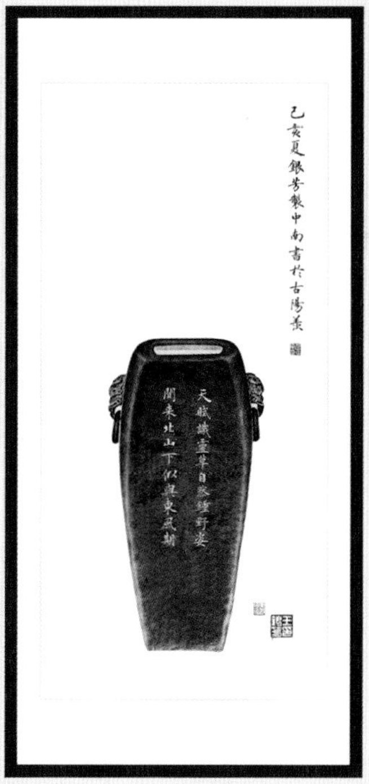

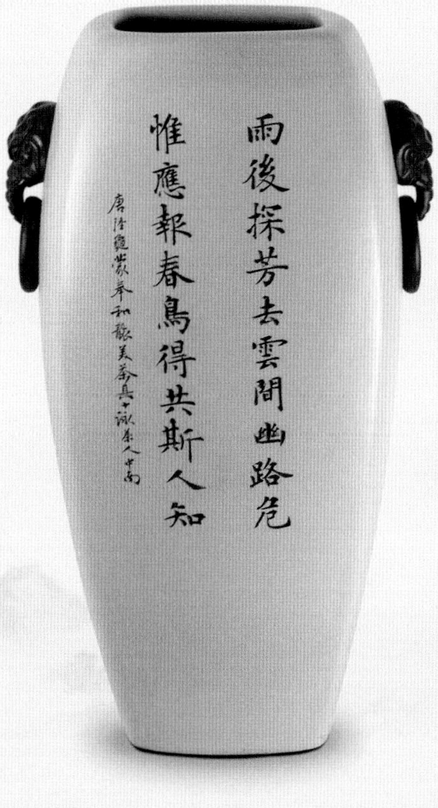
雨後採芳去雲間幽路危
惟應報春鳥得共斯人知

天賦識靈草自然鍾野姿
閒来北山下似與東風期

作品作者：王银芳

作品书法：卢中南

作品刻字：厉上清

作品名称：四方瓶

作品文字：昔人谢塸埞，徒为妍词饰。

岂如珪璧姿，又有烟岚色。

光参筠席上，韵雅金罍侧。

直使于阗君，从来未尝识。

（唐·陆龟蒙《奉和袭美茶具十咏·茶瓯》）

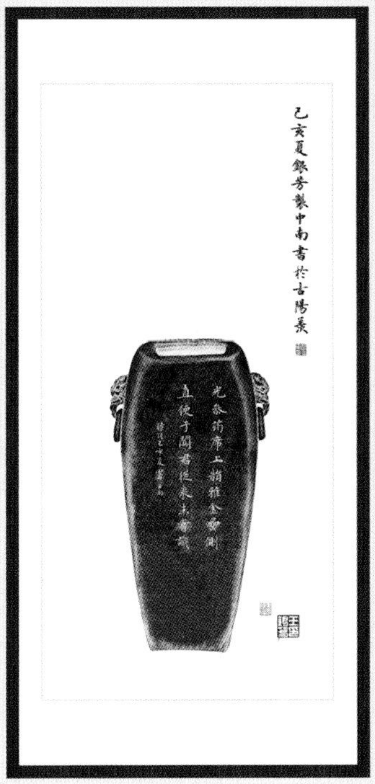
乙亥夏銀芳製中南書於古陽羨
光条筠席上韻雅金罍側
直使于闐君從來未嘗識

乙亥夏銀芳製中南書於古陽羨
昔人謝塸埞徒爲妍詞飾
豈如珪璧姿又有煙嵐色
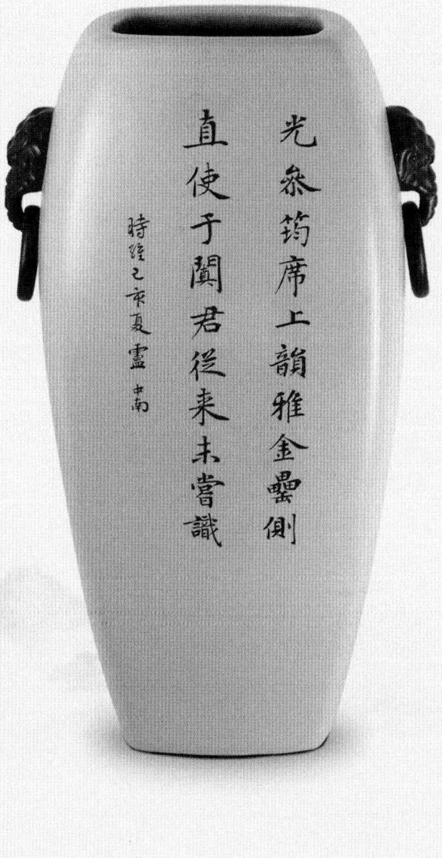
光条筠席上韻雅金罍側
直使于闐君從來未嘗識
時維乙亥夏書 中南
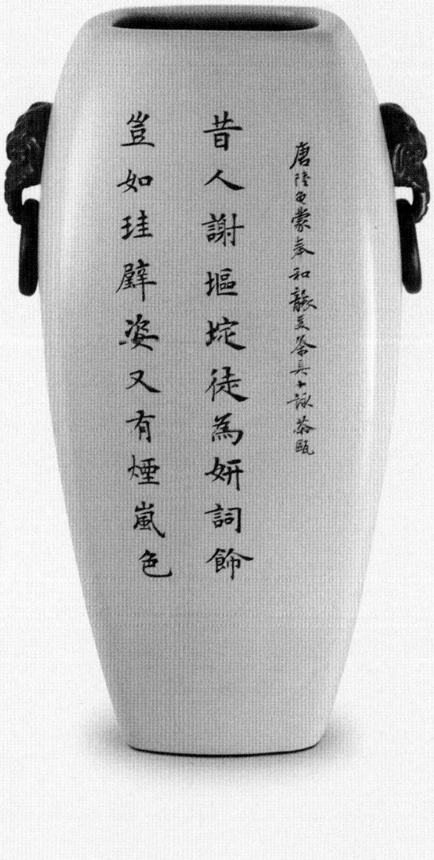
唐陸龜蒙和皮襲美茶具十詠茶甌
昔人謝塸埞徒爲妍詞飾
豈如珪璧姿又有煙嵐色

作品作者：王银芳

作品书法：卢中南

作品刻字：厉上清

作品名称：双耳瓶

作品文字：福

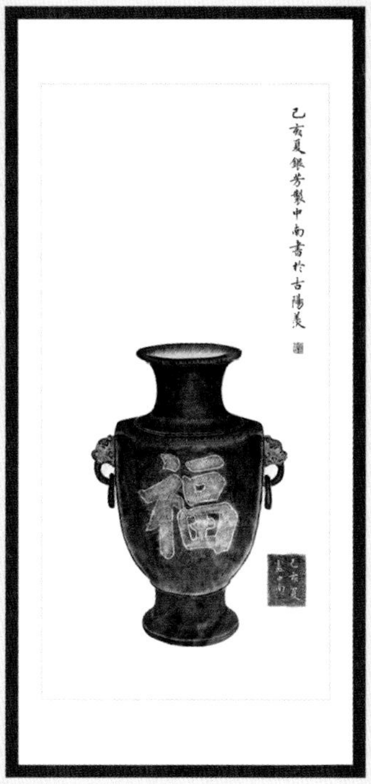
乙亥夏銀芬製中南書於古陽羨
福

福

作品作者：王银芳

作品书法：卢中南

作品刻字：厉上清

作品名称：双耳瓶

作品文字：禄

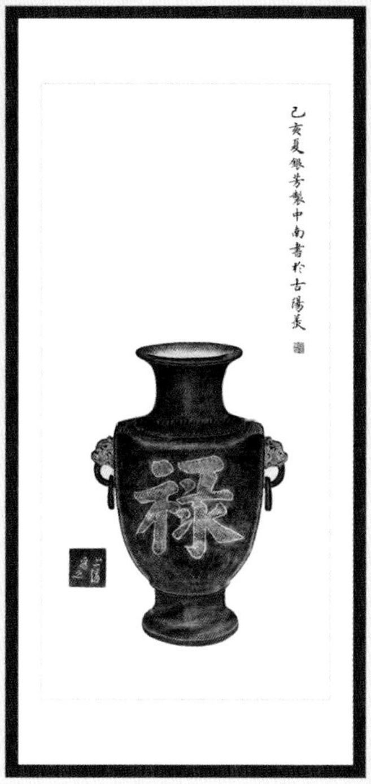
乙亥夏銀芳製中南書於古陽羨
禄

禄

作品作者：王银芳
作品书法：卢中南
作品刻字：厉上清
作品名称：双耳瓶
作品文字：寿

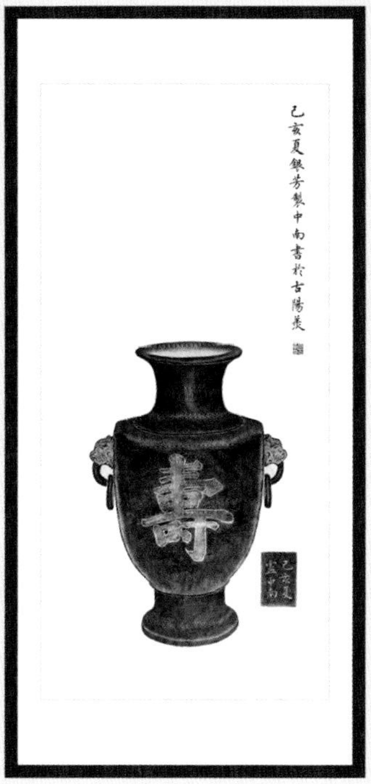
乙亥夏銀芬製中南書於古陽羨
壽

壽

作品作者：王银芳

作品书法：卢中南

作品刻字：厉上清

作品名称：双耳瓶

作品文字：禧

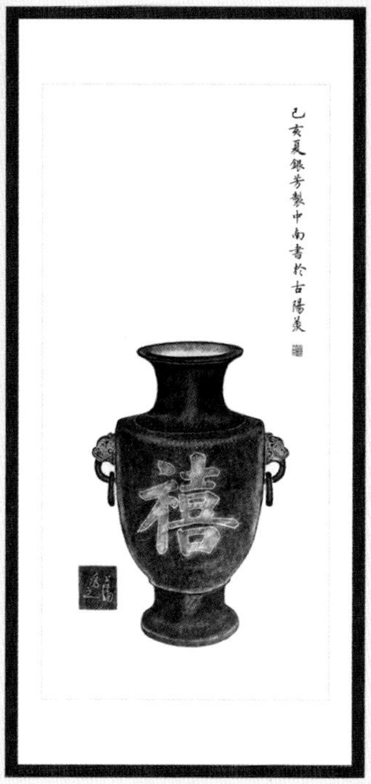
乙亥夏銀芳製中南書於古陽羨
禧

禧

景德镇陶瓷

陶瓷是陶器和瓷器的总称，是一种工艺美术，也是民俗文化。陶瓷发展史是中华民族发展史的一个重要组成部分。

早在新石器时代至夏朝，以彩陶为标志的陶器就得以发展。商周时期刻纹白陶的烧制成功是制陶工艺史上一个重要里程碑，春秋战国时期提升了建筑用陶的工艺水平。秦汉时期的『秦砖汉瓦』成为制陶艺术发展的佳话，汉代时烧造的较为坚致的釉陶普遍出现，汉字中开始出现『瓷』字。隋朝时烧成了白瓷，隋唐时期的『三彩』也是陶器中的瑰宝。唐代被认为是中国艺术史上的一个伟大时期，精细的瓷器品种大量出现，其中陶瓷新品种『柴窑瓷』创造了中国青瓷艺术的高峰境界。

宋代是中国瓷艺达到最高美学境界的时代，也是『玉的精神』和类玉的品质体现得最为深刻的时代，同时开始对欧洲及南洋诸国大量输出陶瓷器。

元朝，景德镇开始成为中国陶瓷产业的中心。

景德镇陶瓷始于汉，五代时的景德镇是南方最早的白瓷烧造之地，其因白瓷的较高成就而奠定了自己的地位，从而打破了青瓷在南方的垄断局面。宋代青白瓷的制作更起着极为重要的作用，明朝时期景德镇青花瓷工艺达到了登峰造极的地步。清朝是景德镇陶瓷业最为辉煌的时期，出现了各种颜色釉及釉上彩。景德镇陶瓷大量系艺术陶瓷、陈设用瓷和生活用瓷，以白瓷著称，素有『白如玉，明如镜，薄如纸，声如磬』之称，在装饰方面有青花、釉里红、古彩、粉彩、斗彩、新彩、釉下五彩、青花玲珑等。景德镇是中国『瓷器之国』的代表和象征，制瓷历史悠久，远销国外，闻名全球。陶瓷如今更是普遍应用于日常生活中。陶瓷，紫砂壶，茶，相得益彰。

陶瓷艺术表现了自古以来人与自然和谐统一的人文思想，反映着人们对美好事物的艺术化追求。在现代，陶瓷艺术更加强调对人的精神和意识产生的作用。要将更多新的内涵融入陶瓷制作之中，必然要在传统的陶瓷工艺上精进与创新，用发展的眼光来审视传统与当下的陶瓷创作，去追求更高的艺术境界，这是新时代陶瓷发展的意义之所在。

曹致友

一九七〇年出生于景德镇，祖籍江西南昌。

江西省工艺美术大师，江西省高级工艺美术师。毕业于景德镇陶瓷学院美术设计系本科，二〇一二年在清华大学国画系进修。从小随父学习，深得其父——著名陶瓷艺术家曹木林先生的真传，打下了扎实的艺术功底，近几年得到中国工艺美术大师黄勇先生的悉心指导，绘画艺术又上了一个台阶。擅长粉彩山水人物画。学无止境，为传承千年陶瓷文化，他一如既往地虚心学习和创新探索，潜心创作出了很多作品，是中青年中具有潜力的陶瓷艺术家。

作品作者：曹致友

作品名称：制茶图

作品文字：买得青山只种茶，峰前峰后摘春芽。

烹煎已得前人法，蟹眼松风娱自嘉。

（明·唐寅《题品茶图》）

以普洱茶为中心题材，涵括普洱茶的制作及品茶过程，表现了普洱茶的采摘、萎凋、炒茶、揉捻、摊晾、压制成型、干燥、包装运输等过程。用传统的工笔画风，构图新颖、简洁，体现了普洱茶的传统制作工艺，传达了制茶的精工细作，让人感受到了普洱茶的悠久历史，体会到了普洱茶深厚的文化底蕴。同时，涵盖泡茶、品茶的情景，表达了自古以来的『开门七件事』：柴米油盐酱醋茶。在新时代繁忙的生活节奏下，我们更要明白喝茶的益处，养身健体，愉悦身心。

作品作者：曹致友

作品名称：雅韵

作品文字：树接南山近，烟含北渚遥。

以山水为题材，远近虚实，用抽象的思维和画风寓意人们对美好生活的热爱和向往，以及对人生价值的追求，表达了自然的和谐。自古及今，这一直是陶瓷的一个重要的题材和一个基本的文化特征。

樹接南
山近
煙含北
渚遙

作品作者：曹致友

作品名称：古松

作品文字：世家有古风，清平自悠闲。

以古松和品茶为题材，象征坚韧的气节和长寿吉祥，反映人类的祈望，并通过品茶来表达以茶雅志、以茶礼仁、以茶行道等。

世家
有古
風清
平自
悠閑
乙亥年
曹致友
作

作品作者：曹致友

作品名称：花鸟

作品文字：风来花自笑，枝头鸟鸣和。

鲜艳花朵与鸟的共处，热闹非凡，用厚重浓烈的工笔画风来体现自然的丰富多彩，相得益彰，美美与共，绵延不绝。

風來
花自笑
枝頭
鳥鳴和
乙亥年
曾敘友
作

作品作者：曹致友

作品名称：荷花

作品文字：荷香泥中玉，心呈露下珠。

荷花堪称是一朵光华灿烂的奇葩，在中华民族成就辉煌的文学宝库里，荷花所具有的文化象征意义极为丰富，既象征人格的高贵淡泊，也象征对美好的渴望，更有深远的寓意——以和为贵等。一部中国陶瓷绘画史就是一部中国吉祥文化史。

荷香泥中玉心呈露下珠
乙亥年曹致友作

作品作者：曹致友

作品名称：紫藤花

作品文字：紫气东来

不论是出自画家之笔，还是出自陶瓷绘制艺术家之笔，紫色花卉都寓意祥瑞之气。借吉祥物寓意，这是中华民族传统文化之一，正是由于吉祥物有美好含义才广为人爱。

紫氣東來
乙亥年
曹致友
作

作品作者：曹致友

作品名称：竹

作品文字：花香含点点，踪影两依依。

『文房』之名，起于我国南北朝时期(四二〇—五八九年)，专指文人书房，因笔、墨、纸、砚为文房所用，故被誉为『文房四宝』。文房用具除四宝以外，还有笔筒、笔架、笔洗、墨盒、墨滴、印盒等，也都是书房中的必备之品。它们不仅是具有极强的实用价值的文房用品，也是融绘画、书法、雕刻、装饰技艺等为一体的艺术品。

茶诗书法作品

苏士澍

一九四九年三月生于北京。

现为中国书法家协会主席，国家文物局文物出版社有限公司名誉社长，中国绿化基金会副主席，中国书画收藏家协会会长。

主要成就：编辑《历代名家法书精品大观》《中国真迹大观》，主编多卷本《中国书法艺术》，著有《中国书法艺术·秦汉卷》。

深耕书法与篆刻艺术数十年如一日。他的作品充分体现平和中正，观其书艺，如沐春风，既得传统，又见创新。他深切关注祖国优良文化的传承与发展，致力于汉字与汉字文化的探索与推广，不遗余力。

潘衍习

一九五二年生于北京。

现为中国书画收藏家协会副会长、中华诗词学会教培中心导师。曾为《人民日报》（海外版）主任编辑，中国楹联学会第二、三届理事。

热衷汉字文化研究与传播，深谙古典诗词对联格律。创作了许多诗词和对联作品，采访百余位各界名人，均有诗句献上，形成独特风格。连续二十年为《人民日报》、《人民日报》（海外版）撰贺岁春联，由报社领导、书界名家书写，向海内外读者拜年。

普洱茶是中国茶中的一种地方特种茶类，它作为云南乃至中国的特色之一，不仅仅被广泛应用于生活中，更在悠久岁月的沉淀下形成了独特的普洱茶文化。普洱茶是众多茶类中的一种，广义归为黑茶，属后发酵茶。潘衍习将普洱茶的产地、造型、特色、功效等通过诗描述得尽善尽美。普洱茶根据采摘季节的不同，分为春茶、夏茶和秋茶等，不同季节采摘的原材料制作出的普洱茶会有不同的风味，这是由它生长的地理环境及特殊的树种决定的。普洱茶树生长在常年雨水阳光充沛的地方，属乔木，所以普洱茶内涵充足，香型独特，滋味浓醇，经久耐泡。普洱茶造型经历由散收到压团、压饼等过程。普洱茶功效经历药用、食用到广泛品饮阶段。制作工艺经历由蒸茶、捣茶到现代新工艺的演变过程。普洱茶在潘衍习笔下像极了有生命的精灵，无不体现出『茶中普洱古今珍』。

普洱春秋之产地

普天向往彩云南，洱海澜沧润众山。

春茗经冬香馥郁，秋茶气足满人间。

潘衍习 诗　　苏士澍 书

茶中普洱古今珍
歷盡滄桑總是春
湯色栗紅禁泡久
香型獨特味濃醇
普洱春秋之特色
潘衍習詩 蘇士澍書

普洱春秋之特色

茶中普洱古今珍，历尽沧桑总是春。

汤色栗红禁泡久，香型独特味浓醇。

潘衍习诗　苏士澍书

初無採造取天然
雜以椒薑烹飲焉
後有殺青蒸製法
成沱成餅或成磚
普洱春秋之造型
潘衍習詩蘇士澍書

普洱春秋之造型
初无采造取天然，杂以椒姜烹饮焉。
后有杀青蒸制法，成沱成饼或成砖。

潘衍习 诗　　苏士澍 书

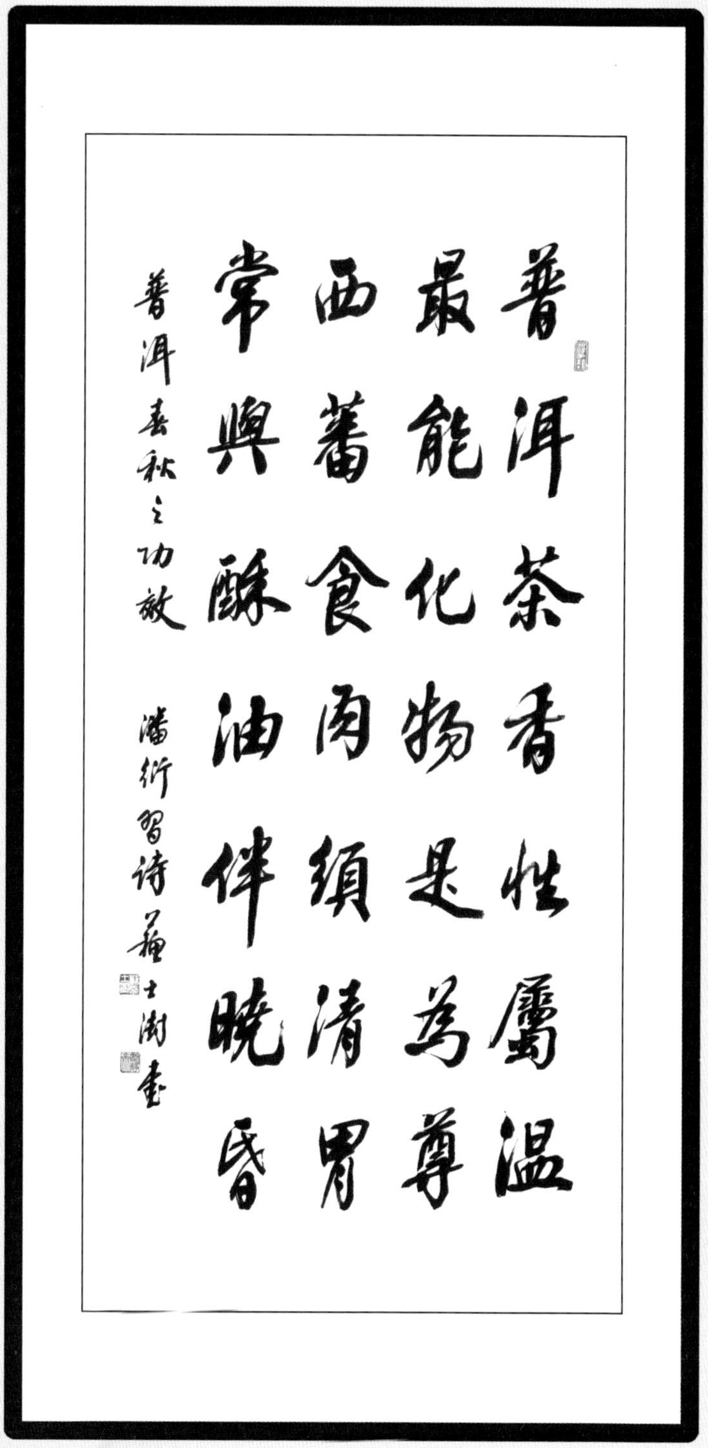

普洱春秋之功效

普洱茶香性属温，最能化物是为尊。

西蕃食肉须清胃，常与酥油伴晓昏。

潘衍习 诗　　苏士澍 书

商周时期。东晋常璩的《华阳国志·巴志》记载：『周武王伐纣，实得巴蜀之师，著乎尚书……其地东至鱼复，西至僰道，北接汉中，南极黔涪。土植五谷，牲具六畜，桑蚕麻苎，鱼盐铜铁，丹漆茶蜜……皆纳贡之。』周武王在公元前一〇〇〇多年率南方八个小国讨伐纣王，当时，云南的濮人向周武王敬贡云南茶，这时的云南茶，即后来的普洱茶。这就是著名的普洱茶人工种植最早起源于『濮人』的说法来源。

两汉时期。魏吴普《本草·菜部》记有：『苦菜，名茶，一名选，一名游冬，生益州川谷山陵道旁，凌冬不死，三月三日采干。』『茶』即古茶字，『益州』系西汉武帝元封二年（公元前一〇九年）建立的滇国，封尝羌为滇王，以滇池为中心，设益州郡。说明西汉时期，云南就已种茶。

有『武侯遗种』之说，由孔明揭开了茶的序幕，并有孔明兴茶之说，故视孔明为茶祖。以公元二二五年起孔明南征到云南教民植茶为始，迄今已有一千七百多年。为沿袭历史民俗，二〇〇五年云南地区举办了孔明兴茶一七八〇周年纪念活动。

由此，普洱茶兴于唐朝，盛于宋朝，咸通三年（公元八六二年）樊绰出使云南，在他所著《蛮书》中记载『茶出银生城界诸山……』，这说明唐代普洱茶不仅有生产，还有贸易往来等商业行为。

自古雲南茶有芳
深山喬木葉烹湯
此前上溯三千載
百濮獻呈周武王
普洱春秋之先秦
潘衍習詩 蘇士澍書

普洱春秋之先秦

自古云南茶有芳，深山乔木叶烹汤。

此前上溯三千载，百濮献呈周武王。

潘衍习 诗　　苏士澍 书

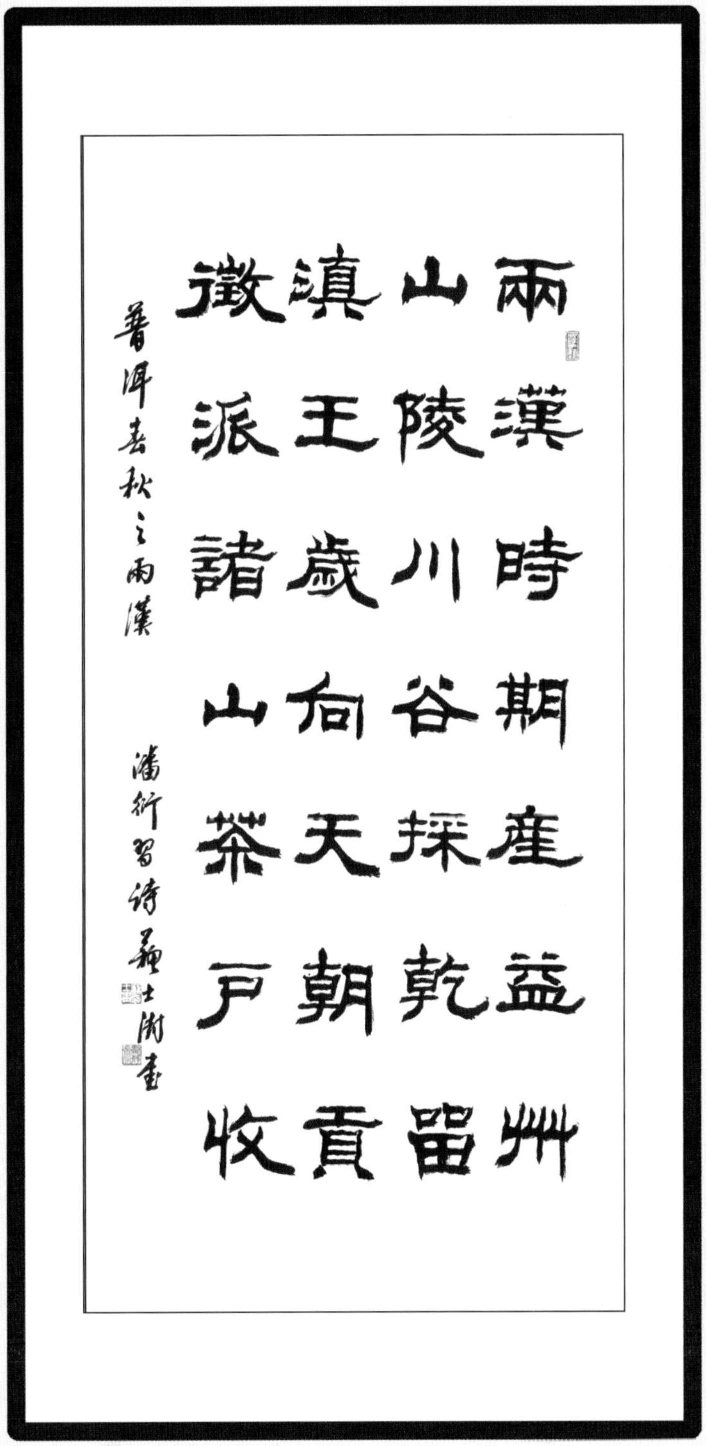
兩漢時期產益州
山陵川谷採乾留
滇王歲向天朝貢
徵派諸山茶戶收
普洱春秋之兩漢
潘衍習詩蘇士澍書

普洱春秋之两汉

两汉时期产益州，山陵川谷采干留。

滇王岁向天朝贡，征派诸山茶户收。

潘衍习诗　苏士澍书

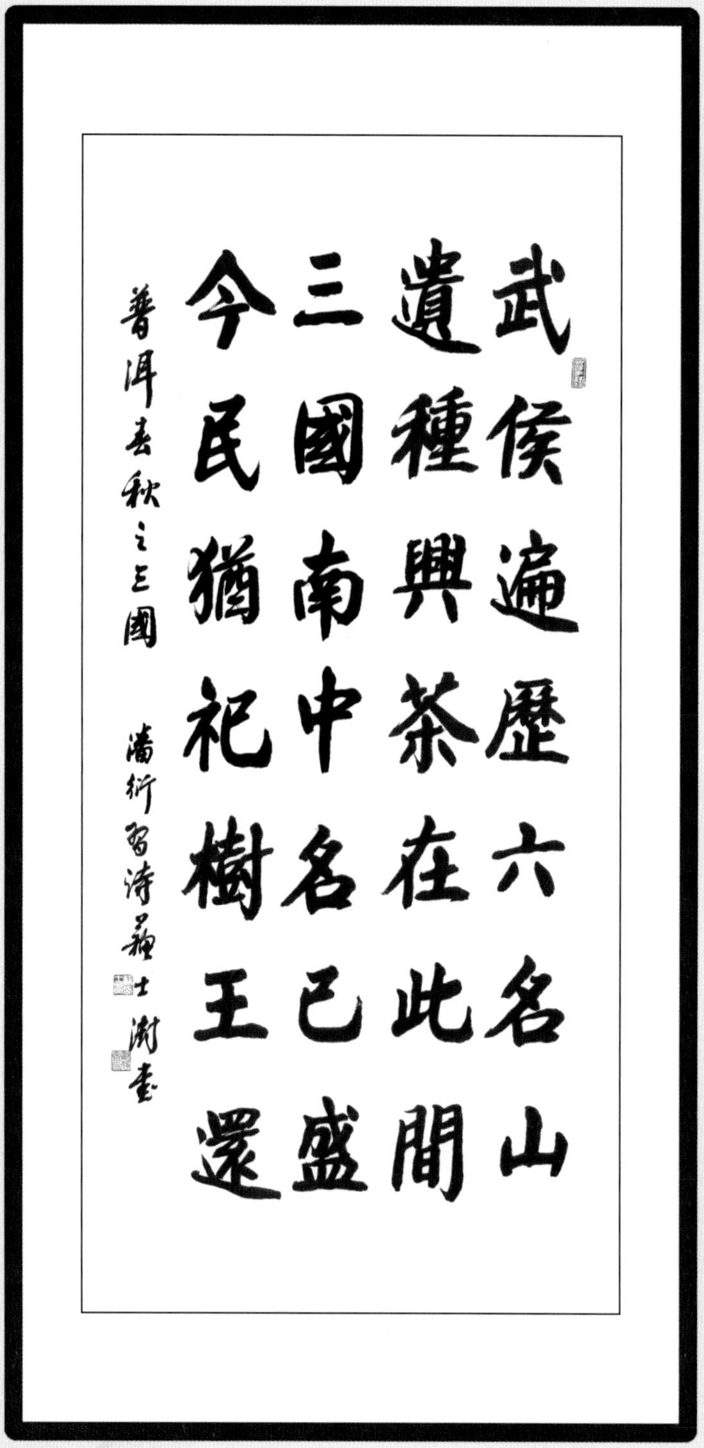
武侯遍歷六名山
遺種興茶在此間
三國南中名已盛
今民猶祀樹王還
普洱春秋之三國
潘衍習詩蘇士澍書

普洱春秋之三国
武侯遍历六名山，遗种兴茶在此间。
三国南中名已盛，今民犹祀树王还。

潘衍习 诗　　苏士澍 书

诸山深處蘊精華
古道西行馬易茶
正是盛唐民物阜
银生城外接天涯
普洱春秋之唐朝
潘衍習诗 蘇士澍書

普洱春秋之唐朝
诸山深处蕴精华，古道西行马易茶。
正是盛唐民物阜，银生城外接天涯。

潘衍习 诗　　苏士澍 书

继唐朝饮茶开始后，宋代的饮茶渐渐普及，甚至在街市之中都以『茶』为题，王安石《议茶法》记载，『夫茶之为民用，等于米盐，不可一日以无』。南宋吴自牧《梦粱录》记载『人家每日不可缺者，柴、米、油、盐、酱、醋、茶』。可见宋代茶与民生的关系及茶的兴盛。

普洱茶的名称或因族而成，或因地而得。元朝时期云南一地名『步日部』改写为地名『普耳』（当时无三点水），『普洱』一词首见于此，并得以正名写入历史。无固定名称的云南茶叶，也叫『普茶』。

明朝末年，茶马市场兴起，客商来往穿梭于云南与西藏之间，且『普洱茶』一词首见诸文字，《滇略》中记载，『士庶所用，皆普茶也，蒸而成团』。普洱茶加工工艺也随之出现。在古老的茶马古道沿途，聚集形成诸多城市并进行着庞大的茶马交易。昌盛的茶马交易，见证了普洱茶的发展，见证了明朝经济发展，并给云南地区蒙上了美丽和神秘的面纱。

清代普洱茶达空前认知度，普洱茶作为茶中珍品，不但有云南-西藏贸易，还成为对外交流的商品，更成为宫廷的贡品。这一时期是普洱茶最鼎盛的时期。

普洱春秋之宋朝
贾贸由来久不衰，宋时茶马市场开。
更通新辟桂滇道，他货随之纷沓来。

潘衍习 诗　　苏士澍 书

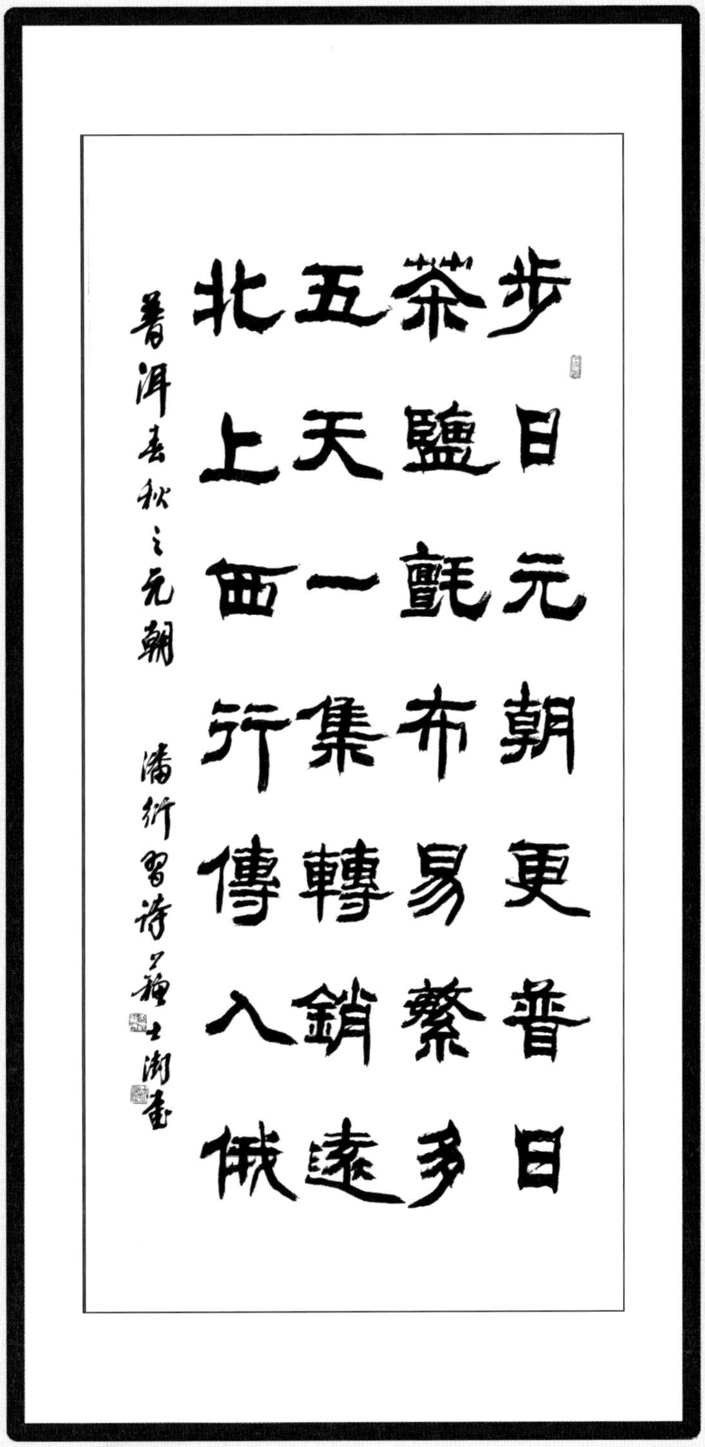
步日元朝更普日
茶鹽氈布易繁多
五天一集轉銷遠
北上西行傳入俄
普洱春秋之元朝

普洱春秋之元朝
步日元朝更普日，茶盐毡布易繁多。
五天一集转销远，北上西行传入俄。

潘衍习诗　苏士澍 书

普洱茶名明代行
民間交易促形成
列爲貢品朝廷贊
發展堪稱高水平
普洱春秋之明朝

普洱春秋之明朝

普洱茶名明代行，民间交易促形成。

列为贡品朝廷赞，发展堪称高水平。

潘衍习诗　苏士澍书

清朝普洱盛行時
宮裏民間聲譽馳
數十萬人入山採
製成上市衆爭之
普洱春秋之清朝
潘衍習詩蘇士澍書

普洱春秋之清朝
清朝普洱盛行时，宫里民间声誉驰。
数十万人入山采，制成上市众争之。

潘衍习诗　苏士澍 书

明清以来至民国，私营茶庄商号层出不穷，为现代普洱茶的发展做出了无可替代的贡献。一九四九年以后，茶厂、茶叶公司等茶企如雨后春笋般涌现，扩大了普洱茶的国内销售和出口贸易，同时也带动了省内外和国外的茶企，更扩大了普洱茶的影响。

号级茶——从十九世纪末至一九四四年创立的『云南中国茶业贸易股份有限公司』（中国土产畜产进出口公司云南省分公司）成立期间的私人茶庄制茶的产品。

印级茶——从一九五〇年中国茶叶公司云南省公司（中茶公司）成立至一九六〇年生产大红印圆茶开始，生产的茶品为印级茶。

七子饼茶——以二十世纪六十年代中后期『中茶牌圆茶』改名『云南七子饼茶』为开始，云南省各大国营茶厂转制而告一段落。

普洱茶文化是中华民族茶文化的重要组成部分，促进了历史经济发展，普洱茶具有文物价值、科学价值、经济价值、保健功效等。新时代，人们的物质生活和精神生活与茶联系得越来越紧密，在生产、销售、饮用普洱茶的同时，我们应继承传统，开拓创新，再给普洱茶历史添上厚重的一笔，让普洱茶在『一带一路』建设中再续辉煌。

普洱春秋之号级茶

清末民初商号兴，百家并进显其能。

内飞化作名声起，诚信品牌持有恒。

潘衍习 诗　　苏士澍 书

普洱春秋之印级茶
中茶成立里程碑，私企更张政府为。
红印开端绿黄伴，包装质量有良规。

潘衍习 诗　　苏士澍 书

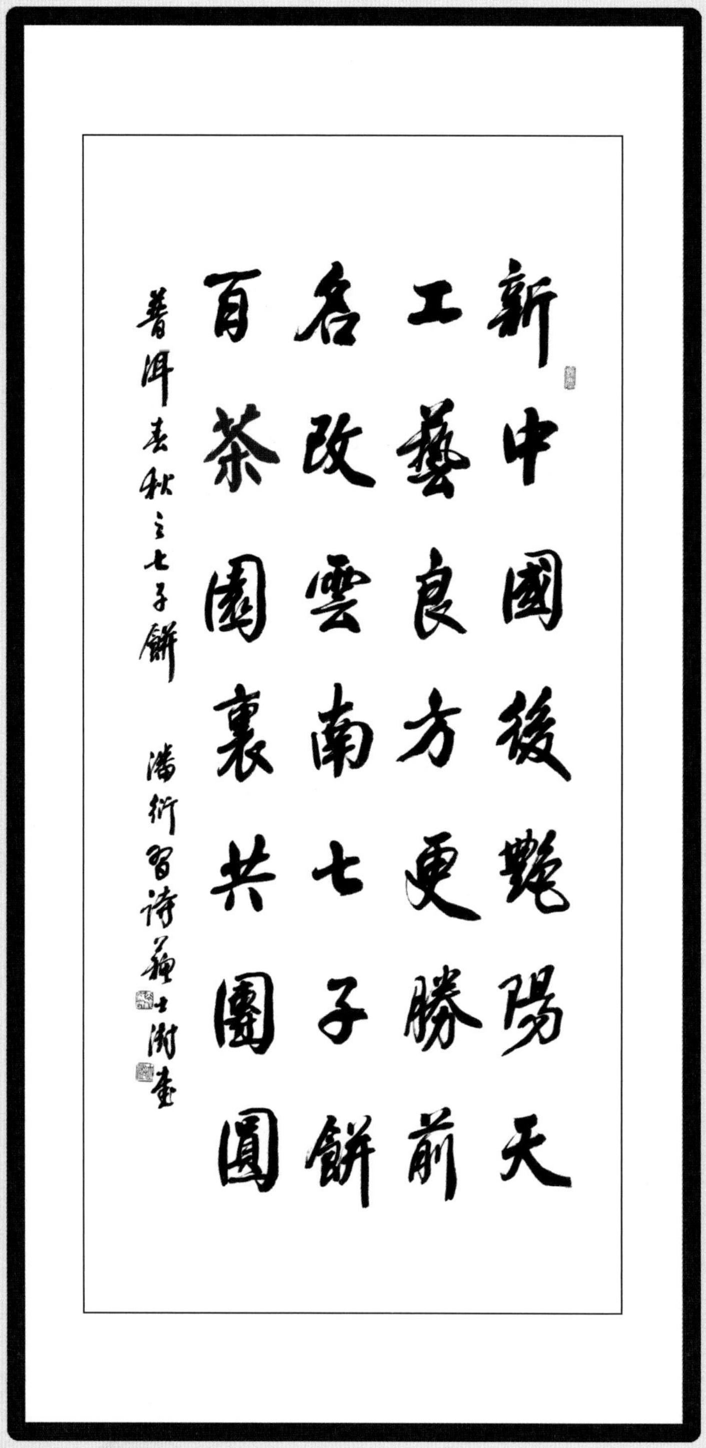
新中國後艷陽天
工藝良方更勝前
名改雲南七子餅
百茶園裏共團圓
普洱春秋之七子餅
潘衍習詩 蘇士澍書

普洱春秋之七子饼
新中国后艳阳天，工艺良方更胜前。
名改云南七子饼，百茶园里共团圆。

潘衍习 诗　　苏士澍 书

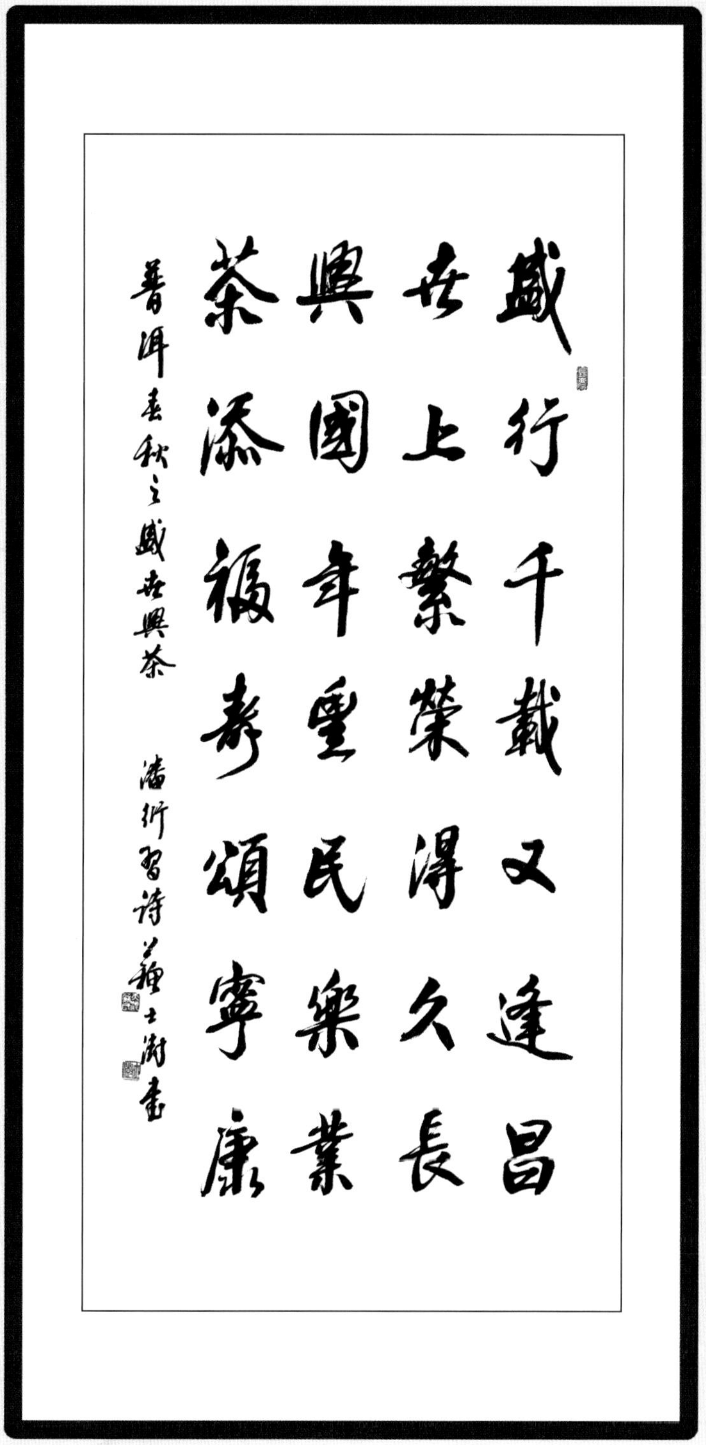

普洱春秋之盛世兴茶

盛行千载又逢昌，世上繁荣得久长。

兴国年丰民乐业，茶添福寿颂宁康。

潘衍习 诗　　苏士澍 书

卢中南

一九五〇年十二月生，祖籍河南济源。

中国书法家协会理事，第十、十一、十二届全国政协委员，中国人民革命军事博物馆原研究馆员，曾为中国书法家协会楷书专业委员会委员。

一九八三年至今，书写出版楷书字帖数十种；编著《楷书教程》《楷书章法举要》《楷书研究》等书法教材十余种。多次应邀为中央电视台书画频道、北京有线电视台录制欧体楷书讲座、名家点评等节目。多次为国家和军队的重要场所、重大活动创作书法作品。楷书代表作被国家博物馆、中国美术馆、广东美术馆等收藏。

书法是书法家思想意识、品德修养、创作理念的直接体现。他的楷书，以欧体为根基，融入自己独创的技法，秀美而又厚重。他的作品既平易近人、雅俗共赏，又具艺术内涵和实用价值。这源于他坚持写字如做人。人品高者，一点一画，自有清雅刚正之气。

中国是世界上最早发现和利用茶树的国家，是世界茶树的原产地，也是世界茶叶生产大国，有着悠久的历史。

茶之为国饮，发乎于神农氏，《神农百草经》有『神农尝百草，日遇七十二毒，得茶而解之』之说。闻于鲁周公，据《华阳国志》载，公元前一〇〇〇多年，周武王伐纣时，巴蜀一带的濮人已用所产的茶叶作为『纳贡』珍品，这是茶作为贡品的最早记述。西汉时期的茶『生益州』，这是明确记载云南产茶的文字。

三国时期有『武侯遗种』之说。自公元二二五年起，孔明倡导种茶、用茶，至今被人们奉为『茶祖』，年年祭拜。唐朝时有『茶出银生城界诸山』之说，『银生』是唐南诏六国节度之一，『银生城』即今景东县城，同时有云南茶的收制及饮用方式的记述，『西番用茶』之述说明普洱茶在唐朝不仅广泛应用，还远销西番，开拓茶马市场。再到明朝，『普茶』一名正式载入史书，明朝时云南茶已有一定的产量，并普遍饮用，制作方式也由唐时的『散收，无采造法』演变成了『蒸而成团』。

清朝普洱茶广受喜爱，自此兴盛至今……

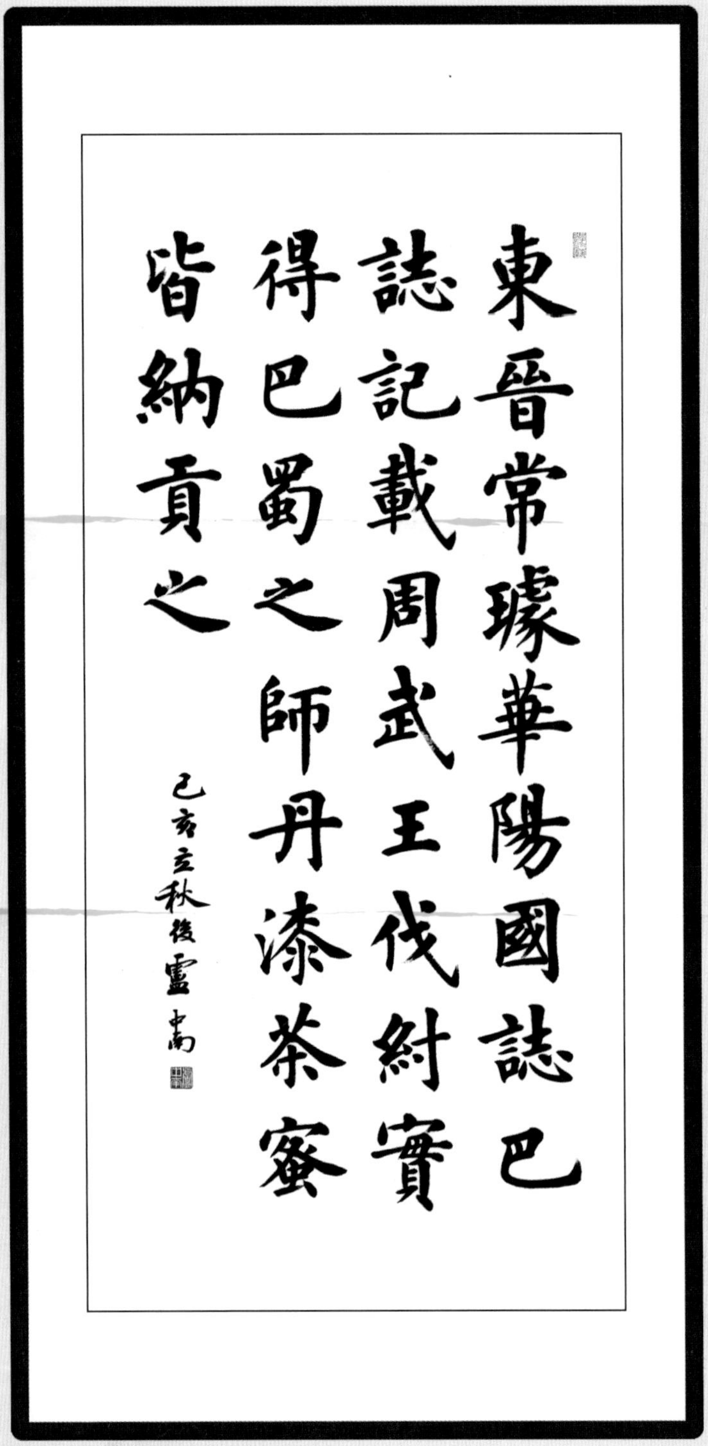
東晉常璩華陽國誌巴
誌記載周武王伐紂實
得巴蜀之師丹漆茶蜜
皆納貢之
己亥立秋後盧中南

东晋・常璩《华阳国志・巴志》记载：
“周武王伐纣，实得巴蜀之师，…… 丹漆茶蜜 …… 皆纳贡之。”

卢中南 书

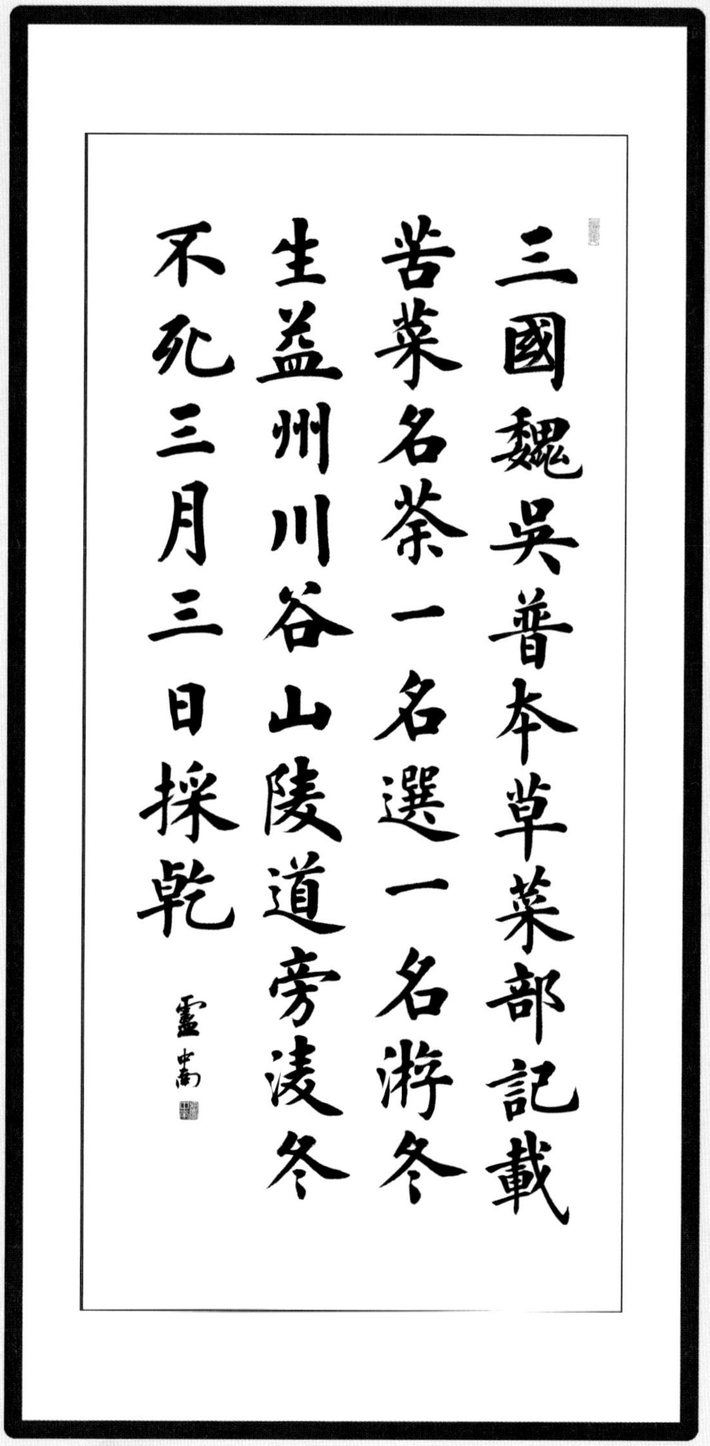
三國魏吳普本草菜部記載
苦菜名荼一名選一名游冬
生益州川谷山陵道旁凌冬
不死三月三日採乾
盧中南

三国·魏·吴普《本草·菜部》记载：
“苦菜，名荼，一名选，一名游冬，生益州川谷山陵道旁，凌冬不死，三月三日采干。”

卢中南 书

清檀萃滇海虞衡誌記
載茶山有茶王樹較五
山獨大本武侯遺種至
今夷民祀之
己亥秋盧中南錄

清·檀萃《滇海虞衡志》记载：

“茶山有茶王树，较五山独大，本武侯遗种，至今夷民祀之。”

卢中南 书

唐樊綽蠻書管内物產卷七
記載茶出銀生城界諸山散
收無採造法蒙舍蠻以椒薑
桂和烹而飲之

唐·樊绰《蛮书·管内物产卷七》记载：

“茶出银生城界诸山，散收，无采造法。蒙舍蛮以椒、姜、桂和烹而饮之。”

卢中南 书

元李京雲南誌略諸夷
風俗記載金齒百夷交
易五日一集以氈布茶
鹽互相貿易
盧中南錄

元·李京《云南志略·诸夷风俗》记载：
“金齿百夷交易五日一集，以毡、布、茶、盐互相贸易。”

卢中南书

明李元陽大理府誌卷
二記載點蒼茶樹高二
丈性味不減陽羡藏之
年久味愈勝也
盧中南錄

明·李元阳《大理府志·卷二》记载：
“点苍茶树，高二丈，性味不减阳羡，藏之年久，味愈胜也。”

卢中南 书

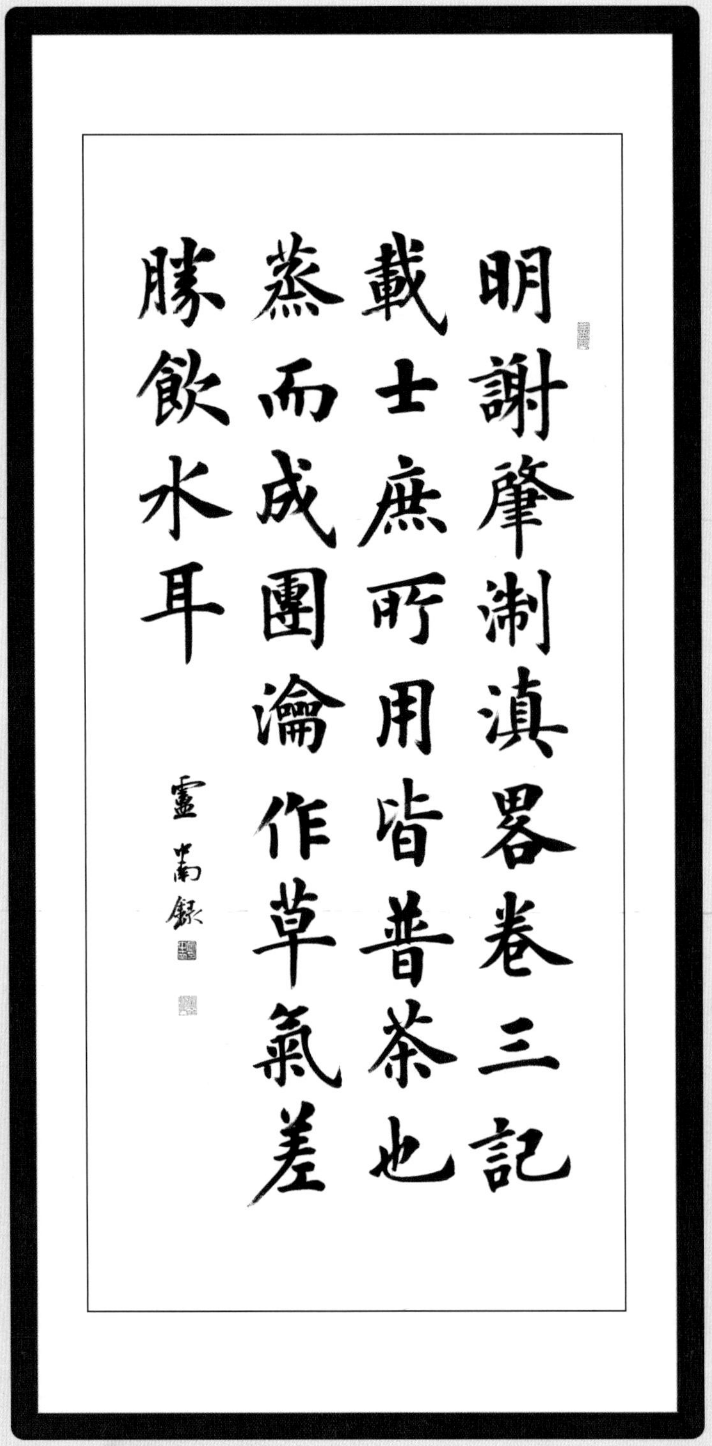
明謝肇淛滇畧卷三記
載士庶所用皆普茶也
蒸而成團瀹作草氣差
勝飲水耳
盧中南錄

明·谢肇淛《滇略·卷三》记载：

“士庶所用，皆普茶也，蒸而成团，瀹作草气，差胜饮水耳。”

卢中南 书

清吳大勳滇南聞見録
記載團茶能消食理氣
去積滯散風寒最為有
益之物

清·吴大勋《滇南闻见录》记载：
“团茶，能消食理气，去积滞，散风寒，最为有益之物。”

卢中南 书

茶文化是中国传统文化的重要组成部分。随着茶在唐宋时期的兴起与发展，茶不仅被广泛应用，茶文化也随之而起，它是精神文明的体现，也是意识形态的延伸，成为社会精神文明的一颗明珠。《茶经》是中国第一部系统地总结唐代及唐代以前有关茶事的综合性著作，也是世界上第一部茶书，它的作者陆羽被尊为『茶圣』，陆羽所创造的一套茶学、茶艺、茶道思想，以及他所著的《茶经》，不仅总结了茶叶制作技术，推动了茶业发展，更重要的是他赋予茶精神内涵，奠定了茶文化的基础，是一个划时代的标志。《全唐诗》中的《六羡歌》是对他明志寄怀的写照。卢仝的《走笔谢孟谏议寄新茶》是著名的咏茶之作，为茶的千古绝唱，通过描述喝茶的深刻感受来表现茶的功效和饮茶的审美愉悦，充分表达对美的境界的追求。品茶离不开水，水乳交融。《寒夜》《书逸人俞太中屋壁》则体现志同道合，志趣相投；书法文化、茶文化如出一辙，境界高远；同时诗人以诗书抒发情怀，以茶表达修养，以茶寄情。《题三教煎茶图》之一则阐述茶禅味的境界。《首夏家居即事》《陶学士烹茶图》《题品茶图》传达着自然的美感和积极乐观的情趣。

唐·陆羽《六羡歌》

不羡黄金罍，不羡白玉杯。不羡朝入省，不羡暮入台。

千羡万羡西江水，曾向竟陵城下来。

卢中南 书

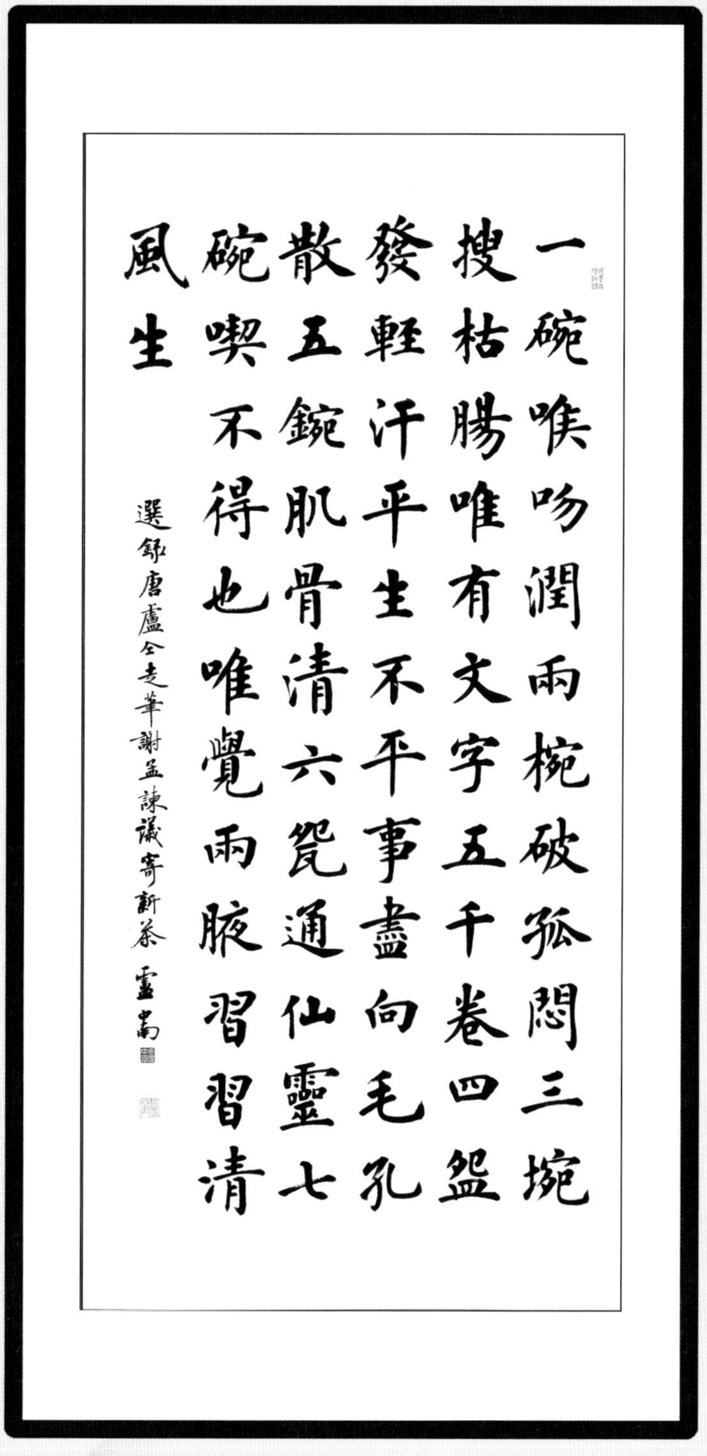

唐·卢仝《走笔谢孟谏议寄新茶》节选

一碗喉吻润，两椀破孤闷。三埦搜枯肠，唯有文字五千卷。

四盌发轻汗，平生不平事，尽向毛孔散。五鋺肌骨清，六㼝通仙灵。

七碗吃不得也，唯觉两腋习习清风生。

卢中南 书

宋·杜耒《寒夜》

寒夜客来茶当酒，竹炉汤沸火初红。

寻常一样窗前月，才有梅花便不同。

卢中南 书

羡君還似我居處傍林泉
洗硯魚吞墨烹茶鶴辟煙
閒惟歌聖代老不恨流年
每到論詩外慵多對榻眠

宋·魏野《书逸人俞太中屋壁》

羡君还似我，居处傍林泉。洗砚鱼吞墨，烹茶鹤壁烟。

闲惟歌圣代，老不恨流年。每到论诗外，慵多对榻眠。

卢中南 书

石鼎風香松竹林三
人同坐不同心從渠
七碗浇談舌争似忘
言味更深

元·王旭《题三教煎茶图》之一
石鼎风香松竹林，三人同坐不同心。
从渠七碗浇谈舌，争似忘言味更深。

卢中南 书

竹茂資泉潤花榮藉圃沙
釣簾来舞燕鎖樹護棲鴉
客至留酤酒唫長待煮茶
幾時容却掃一向似仙家
右元王惲首夏家居即事一首乙亥秋盧中南書

元·王恽《首夏家居即事》

竹茂资泉润，花荣藉圃沙。钩帘来舞燕，锁树护栖鸦。
客至留酤酒，吟长待煮茶。几时容却扫，一向似仙家。

卢中南 书

醒吟醉草不曾閒人
人喚我作張顛安能
買景如圖畫碧樹紅
花煮月團

明·徐渭《陶学士烹茶图》

醒吟醉草不曾闲，人人唤我作张颠。

安能买景如图画，碧树红花煮月团。

卢中南 书

買得青山祇種茶峯
前峰後摘春芽烹煎
已得前人灋蟹眼松
風俟自嘉
明唐寅題品茶圖
己亥夏盧中南

明·唐寅《题品茶图》

买得青山只种茶，峰前峰后摘春芽。

烹煎已得前人法，蟹眼松风俟自嘉。

卢中南 书

唐宋兴盛以来一直到清代中期，是普洱茶的鼎盛时期，皇家贵胄、文人墨客无不热爱。据史料记载，清代阮福《普洱茶记》中有：『普洱茶名遍天下，味最酽，京师尤重之』。清顺治十八年（公元一六六一年），仅销往西藏的普洱茶就达三万多担，在西双版纳广袤的沃土上几乎家家种茶、制茶、卖茶。道光年间到光绪初年，普洱茶的产销盛极一时，给普洱茶在茶马古道的繁盛记下了厚重的一笔。清代学者赵学敏记载普洱茶『味苦性刻，解油腻牛羊毒』，『苦涩，逐痰下气，刮肠通泄』，它具有极好的保健作用。

《雪中入直》《谢赐普洱茶》《伏前一日赐普洱茶》表述了普洱茶尤其受朝廷重视，同时是以茶作礼的写照。《赐贡茶二首》不仅记述普洱茶作为贡茶的历史，同时也表现出它的名动天下，说明普洱茶被广泛应用，不仅仅是因为普洱茶的功效，也因为对普洱茶的品饮已上升到精神层面。《长句与晴皋索普洱茶》、《普茶次金鹤筹都转韵三首》其一这两首诗都是清代留下的为数不多的普洱茶诗词。

《烹雪用前韵》和《煮茗》两首诗不仅仅描述了品茶的情景，表达了喜爱之情，更反映出普洱茶在清代的兴盛及品饮普洱茶的盛行，反映出它与自然、地理、民族、经济、文化紧密相连。

清・王士祯《赐贡茶二首》其一
朝来八饼赐头纲，鱼眼徐翻昼漏长。
青箬红签休比并，黄罗犹带御前香。

卢中南 书

六花飛作帝城春紫殿金鋪一
色勻萬頃鏡中難看影九重天
上本無塵亞枝密想探梅路飢
雀寒如寓直人獸炭龍團皆拜
賜同將雪水試茶新
清陳鵬年雪中入直
己亥大暑盧中南書

清·陈鹏年《雪中入直》

六花飞作帝城春，紫殿金铺一色匀。
万顷镜中难看影，九重天上本无尘。
亚枝密想探梅路，饥雀寒如寓直人。
兽炭龙团皆拜赐，同将雪水试茶新。

卢中南 书

洗盡炎州草木煙製成貢茗味
芳鮮筠籠蠟紙封初啓鳳餅龍
團樣並圓賜出儼分甌面月瀹
時先試道旁泉侍臣豈有相如
渴長是身依瀣露邊
清查慎行謝賜普洱茶

清·查慎行《谢赐普洱茶》
洗尽炎州草木烟，制成贡茗味芳鲜。
筠笼蜡纸封初启，凤饼龙团样并圆。
赐出俨分瓯面月，瀹时先试道旁泉。
侍臣岂有相如渴，长是身依瀣露边。

卢中南 书

曾賜雲龍一品鮮玉堂人困記
當年月團再拜薰風後雀舌休
誇穀雨前旋拾松花添活火試
烹瓦鼎泛新泉煩襟未信清如
許習習涼生六月天

清·励廷仪《伏前一日赐普洱茶》

曾赐云龙一品鲜，玉堂人困记当年。
月团再拜薰风后，雀舌休夸谷雨前。
旋拾松花添活火，试烹瓦鼎泛新泉。
烦襟未信清如许，习习凉生六月天。

卢中南 书

獨有普洱號剛堅清標未足誇
雀舌點成一椀金莖露品泉陸
羽應慚拙寒香沃心俗慮蠲蜀
牋端研几間設興来走筆一哦
詩韻葉氷霜倍清絕

清·乾隆皇帝《烹雪用前韵》节选
独有普洱号刚坚，清标未足夸雀舌。
点成一椀金茎露，品泉陆羽应惭拙。
寒香沃心俗虑蠲，蜀笺端研几间设。
兴来走笔一哦诗，韵叶冰霜倍清绝。

卢中南 书

佳茗頭綱貢澆詩必月團
竹爐添活火石銚沸驚湍
魚蟹眼徐揚旗槍影細攢
一甌清興足春盎避清寒

清·嘉庆皇帝《煮茗》
佳茗头纲贡，浇诗必月团。
竹炉添活火，石铫沸惊湍。
鱼蟹眼徐扬，旗枪影细攒。
一瓯清兴足，春盎避清寒。

卢中南 书

滇南古佛國草木
有佛氣就中普洱
茶森冷可愛畏
清丘逢甲長句與晴皋索普洱茶節選
盧中南書

清・丘逢甲《长句与晴皋索普洱茶》节选
滇南古佛国，草木有佛气。
就中普洱茶，森冷可爱畏。

卢中南 书

不載茶經陸羽篇佳名也自敵
金錢試看顧渚紅囊餅何似炎
陬綠玉磚煙粒價珎交趾郡月
團香溢湧珠泉侵精瘠氣都無
慮惟忌藤牀客夢圓

清·邱晋成《普茶次金鹤筹都转韵三首》其一
不载茶经陆羽篇，佳名也自敌金钱。
试看顾渚红囊饼，何似炎陬绿玉砖。
烟粒价珍交趾郡，月团香溢涌珠泉。
侵精瘠气都无虑，惟忌藤床客梦圆。

卢中南 书

普洱茶历史

【源远流长】茶，追古溯今，承载着几千年的悠久历史，蕴含着几千年的深厚文化，延续着几千年的精神文明。而普洱茶，探前究后，则是千载茶史开篇的点睛之笔，是千载茶史颂续的繁衍之体，并让千载茶史繁茂兴盛至今。

【普洱起源】掀开普洱茶历史神秘的面纱，敲开普洱茶历史尘封的大门，回到一千七百多年前的三国时期，便能感受到普洱茶的独特气息。普洱茶相传为『武侯遗种』，孔明揭开了茶的序幕，自此茶便留芳于世，兴于唐朝而盛于宋朝。

【普洱初名】普洱之名，或因族而成，或因地而得。元朝时期，云南有一地名叫『步日部』，后改为『普耳』（当时无三点水），『普洱』一词首见于此，并得以正名写入历史。无固定名称的云南茶叶，被叫作『普茶』。因此，元朝对中国茶文化的整体传承起着至关重要的作用，它让普洱茶以奇妙的方式被世人知晓，被世人传承。

【普洱发展】随着朝代的更迭，东西部的交往日益频繁，经济进一步发展，明朝末年，茶马市场兴起，茶商来往穿梭于云南与西藏之间，『普洱茶』一词首见诸文献。据《滇略》记载，『士庶所用，皆普茶也，蒸而成团』。普洱茶加工工艺也随之出现。在古老的茶道沿途，聚集而形成诸多城市并进行着庞大的茶马交易。昌盛的茶马交易，见证了普洱茶的发展，见证了明朝经济的发展，并给云南地区蒙上了美丽和神秘的面纱。

【普洱鼎盛】随着人类社会的进步，朝代的更迭，经济的发展，普洱茶达到空前的认知度，不但有云南-西藏贸易，还成为对外交流的媒介，更成为宫廷的贡品。最古老的茶马古道形成，普洱茶由此进入鼎盛时期。

【普洱后续】经过历史的留痕和岁月的沉淀，普洱茶渐趋成熟，形成内涵丰富的普洱茶文化。原始的普洱商贸交易慢慢演变成如今的普洱茶贸易，明清至民国时期，私营茶庄商号层出不穷，为现代普洱茶的发展做出了无可替代的贡献。一九四九年以后，各茶叶公司和私人茶厂等如雨后春笋般出现，扩大了普洱茶的国内销售和出口贸易规模，同时也带动了省内外和国外茶企的发展，更扩大了普洱茶的影响。回望普洱茶历史，普洱茶是中华民族优良传统文化的一个组成部分，同时也促进了经济发展，具有品饮价值、文物价值、经济价值等。如今，物质生活和精神生活与茶联系得越来越紧密，人们在欣赏、回味、分享普洱茶的同时，也在继承优良传统，让普洱茶再续辉煌。

普洱茶文化

中国饮茶文化历史悠久，历经千百年的发展与延续，深深扎根于中华民族优良文化传统中。作为中国茶文化发展史的一部分，普洱茶给中华民族茶文化烙上了不朽的辉煌的印记。漫漫数千年，伴随着时间的推移、岁月的沉积，普洱茶形成了独特的文化，自成一体，别具一格。

【自然文化】 走过历史长河，回望茶文化发展史，普洱茶给辽阔中华大地披上了一条五彩缤纷、多姿多态的锦带。

生长环境：普洱茶的生产环境由历史条件决定，极具独特性。云南地区是亚热带季风气候，常年温暖，日照时间长，热量丰富，优越的气候条件为云南产植大叶种茶树创造了适宜的生长条件，为普洱茶的品质奠定了坚实基础。云南地理环境特殊，海拔较高，因此普洱茶含多种营养物质。

树种来源：最早发现的茶树均属于野生大叶种茶树，经过慢慢演变后才有人工栽培型茶树。以云南为主的西南地区早在我国商周时期就开始人工栽培茶树，距今已有三千多年的历史。

茶区简记：随时代的变迁、经济的发展，普洱茶贸易越来越繁茂。茶马古道渐渐形成，人们对茶的需求量增大，随后人们在云南地区设置关卡形成茶区界限，并产生古六大茶山，且各大茶山所出普洱茶各有所长。古六大茶山为云南省古老茶区之一，具有悠久的产茶历史和丰富的茶文化。回望普洱茶的发展历史，我们发现普洱茶具有强烈的地域性特征，在漫长的岁月中进行的后发酵，使普洱茶形成独特的色、香、味，并具『越陈越香』的特点。

【品饮文化】普洱茶具有独特的生长环境、奇特的转化特征、丰富的口感变化。普洱茶文化在中华民族茶文化中独占鳌头，深深镶嵌在茶文化中。普洱茶作为边销贸易品兴盛起来，慢慢演变为朝廷的贡品。随着时代的进步，普洱茶成为生活必需品，在民俗宗教等场所均有使用，普洱茶被提升到了另一高度。如今，普洱茶成为人们追求健康生活的一种方式，品饮普洱茶已成为佳话，能够强身健体、修身养性，从中品味人生。

品饮来源：从历史考证看，饮茶经历了漫长的演变历史。不同时期的饮茶方法、特点不尽相同。据《茶经》记载，唐代饮茶习俗注重品饮艺术。唐代有煎茶、淹茶、煮茶等方式，并讲究鉴茗、品水、观火、辨器等，将饮茶分为赏茶、鉴水、列具、烹煮、品饮等若干环节，辅以美学思想，品茶形成优美的意境和韵律，上升到艺术的高度。

品饮要点：品饮普洱茶以唐代饮茶技术为基础，在元代得以改进，在明代得以升华。现代品饮普洱，应借鉴历史品饮文化，顺应时代变化发展，取其精华，以客观心态对待。一是察形（茶的外观、茶的条索、茶的叶底等），二是观色（茶外观色、茶汤色、茶底色等），三是闻香（冲泡时茶香、品饮时茶香、杯底香等），四是品味（喝茶味、品滋味、体回味等）。

品饮境界：经历史演变，品饮普洱茶的艺术，属较有深度和内涵的高层次品饮境界和艺术鉴赏。

普洱茶香：时刻都在变化的茶香让品饮者百饮不厌。普洱茶香包括青香、樟香、兰香、荷香、枣香、参香、木香等。历史上，形容普洱茶香的诗句有『香于九畹芳兰气，圆如三秋皓月轮』。

普洱茶韵：普洱茶，究其味，变化多端；品其韵，除了享受其自然和雅致外，还可享受其『陈韵』。普洱茶越陈，普洱陈韵越深厚，更能体现茶的深厚底蕴。

普洱茶气：古往今来，人们将体会茶的气韵视为品饮普洱茶的高境界。体会茶气不是简单地体会茶的口感。结合中华民族传统医学、哲学，我们可以将茶气视为用身体感受到的茶内在的精、气、神。从现代医学理论分析，普洱茶经过陈化所产生的特殊物质，能够舒筋活络，补气养生。普洱茶这种独有的特征是品饮者向往陈年普洱茶的原因之一。

普洱茶生命：普洱茶如万般有生命之物一样，需天地之灵气、日月之精华来绽放其美丽、释放其本性。普洱茶会因地点的变换而展现多姿的神采，会因环境的转换而凸显多变的姿态，会随时间的延续而呈现深厚的底蕴。普洱茶生命的延续，需适宜的空气和湿度等，且在良好储存环境下，随时间的推移慢慢展现其神韵。普洱茶除可品饮外，更具收藏价值，以它的千变万化给收藏者带来无穷乐趣。

【精神文化】千百年来，中华饮茶习俗深深植根于古老悠久的历史和深厚的民族文化中，并与朝代的政治、经济、文化息息相关，随社会形式变化而变化。茶文化，广义上讲是指人类在社会历史过程中所创造的茶的物质财富和精神财富的总和，狭义上讲是指茶的精神财富，主要指茶的人文社会科学价值。传统文化注重和、敬、理、仪等，讲求以茶待客，唐人刘贞亮在《茶十德》中云：『以茶利礼仁，以茶表敬意。』现代文化注重正、清、和、雅等，讲求以茶雅志，陶冶个人情操。茶精神文化中的清、静、俭、洁等，侧重个人的修身养性。《茶十德》中有『以茶养身体，以茶可行道，以茶可雅志』的话语。在如今快速发展的时代，人们生活节奏快、压力大，饮茶不仅可以修身养性、提高品位，还可以强身健体。宋人吴淑在《茶赋》中云：『涤烦疗渴，换骨轻身，茶荈之利，其功若神。』我们在品饮普洱茶过程中，应努力延续传统的精神文化，沉淀当下的精神文化，注重自然、质朴、真实、务实等，并着力于普洱茶产业的持续发展，为普洱茶的文化发展提供良好的条件，同时必须以推动普洱茶产业发展为出发点和根本目的，为弘扬普洱茶精神文化奠定基础。

普洱茶功效

据历史记载，普洱茶早已被古代人发现其药理功效，并在民间广为流传。清代赵学敏所撰的《本草纲目拾遗》中记载，普洱茶『味苦性刻，解油腻牛羊毒……逐痰下气，刮肠通泄』。结合现代医学理论实践分析，普洱茶具有多种药用功效，有些功效其他茶品还不具备。但普洱茶不能当处方药使用，且需长期坚持合理饮用才会更好地发挥其功效，让普洱茶实现其物质价值和文化价值。

普洱茶有诸多药理保健功效，是因为其含多种保健成分，如茶多酚、生物碱、茶多糖、茶氨酸等，而普洱茶中所含物质中的一部分会因时间的变化而产生衍生物，使普洱茶的保健作用更强更显著，并适用于不同的品饮群体。

普洱茶功效一：减肥降脂。普洱茶所含茶多酚能降低体内胆固醇含量，并抑制动脉内壁上的胆固醇沉积，防止摄入的碳水化合物转化为脂肪，促使脂肪分解，减少脂肪堆积。

普洱茶功效二：降血压，降血脂，防冠心病、糖尿病，降痛风。普洱茶能增加毛细血管壁的弹性，抑制动脉硬化，而儿茶素和茶黄素能抗凝血、抗血栓、降血压、防冠心病。茶多糖与胰岛素类似，可改善受损伤的细胞，对糖尿病有显著的预防和治疗作用。

普洱茶功效三：抗癌，增强人体免疫功能。普洱茶抗癌是泛指其对各种恶性肿瘤的防治作用，茶叶中的茶多酚类化合物对癌性亚硝基化合物的形成有阻断作用，茶多糖能降低血糖、血清、胆固醇及甘油酯，对调节人体免疫系统有显著成效。

普洱茶功效四：助消化，解酒，利尿。茶叶中的咖啡因和黄烷醇类化合物，既可以促进消化道蠕动帮助消化，又可以扩张肾脏微血管，增加肾血流量以利尿。至于茶可以解酒，是因为茶叶中的咖啡因可以促使酒精迅速排出体外。

普洱茶功效五：延缓衰老，抗辐射。茶叶中的茶多酚是很强的抗氧化剂，具有很好的抗氧化性和清除自由基的能力。人体衰老的自由基学说认为，过量的自由基会损伤生物膜，影响细胞功能。茶多酚能预防或减轻过量自由基对人体的损伤，因此可以延缓衰老。同时，茶多酚直接参与竞争辐射能量及清除辐射产生的自由基，因此可以抗辐射。

普洱茶功效六：美容、养颜，舒缓紧张情绪。皮肤中的黑色素是一类天然的紫外线吸收剂，发生生物化学反应后会产生雀斑、褐斑，而茶多酚会抑制黑色素细胞的异常活动，减少黑色素分泌，因此对皮肤可以起美白作用。茶氨酸能增强脑中『多巴胺』的数量，使人减少焦虑及缓解紧张情绪，对人体有放松作用。

茶，自古以来便融入人们的生活中，而普洱茶，以其独特之处深入现代人生活中，这与其所具有的诸多保健功效密不可分。普洱茶是有生命之物，具备可再生条件，随时间推移，留取精华，去除糟粕，给人终身受益的精华，因此越老的普洱茶保健功效越强，这是其他茶品所不及的。普洱茶内含物质所具有的营养保健作用和品饮普洱茶所带来的愉悦精神功效，让普洱茶魅力四射、经久不衰。

后记

在第八、九届全国政协主席李瑞环和全国政协副主席何厚铧的亲切关怀下，继《普洱春秋》出版后，我们于二〇一九年十一月在中国政协文史馆举办了『普洱春秋——普洱老茶系列暨茶诗书法展』，同时，编撰出版《普洱春秋——普洱老茶系列暨茶诗书法集》。

回顾这十余年在祖国大陆的发展，我感慨良多。于个人的普洱茶经营而言，一步一步累积，终有所沉淀；于所有茶企背后的普洱茶产业而言，一天一天发展，日益走向规范、发达。我们都明白，无论个人还是行业，点滴的进步，都离不开国家大的发展背景，都得益于祖国的繁荣昌盛。

我热爱普洱茶，从开始经营普洱茶始，便深知发展好这个产业，与传承及发扬其文化密不可分，特别是在新时代的环境下，如何直观地让人了解普洱茶并充分使用它的养生健体功效，用来缓解现代人繁忙的生活节奏，显得尤为重要。所以我梳理多年摸索累积的理论及经验，筹办纯粹的普洱茶文化展，希望和大家一起共同促进普洱茶产业健康、可持续发展，客观宣传普洱茶的健康功效，引导人们树立健康的饮茶理念。

在编撰这本书时，我尽可能多地融合与普洱茶相关的文化作品，希望给广大茶友及茶文化爱好者提供更多关于普洱茶的知识。

本书内容分为三部分。

第一部分：保存至今的普洱老茶系列，这一套完整普洱老茶系列，是我在经营的同时积累下来的。包括十九世纪末至二十世纪五十年代的『普洱号级茶』，二十世纪五十年代中国茶叶公司的『普洱印级茶』，二十世纪七十年代以来中国土产畜产进出口公司的『普洱七子饼茶』等等系列普洱茶品。

第二部分：历代以来有关记载茶历史出处的文字摘录、古代诗人的茶诗作，以及由中国书画收藏家协会副会长潘衍习撰写的当代诗作。内容涵括茶的起源与发展、茶的品饮和功效等，并由中国书法家协会主席苏士澍、中国书法家协会理事卢中南书写。

第三部分：中国工艺美术大师季益顺制作、中国工艺美术大师鲍志强刻字的紫砂作品，国家高级工艺美术师王银芳制作、国家高级工艺美术师顾跃鸣、厉上清刻字的紫砂作品，以及江西省工艺美术大师曹致友的陶瓷作品。这些作品以茶为中心题材，融入书法、篆刻和绘画技艺，力图多方面提供普洱茶知识和诠释普洱茶文化。

在这里首先要感谢中国国际茶文化研究会名誉会长刘枫及会长周国富的大力支持，使展览的意义更非凡；感谢陕西省政协领导的高度重视，作为陕西省政协委员，我有强烈的使命感及责任感；感谢澳门基金会行政委员会主席吴志良、澳门科技大学董事会主席廖泽云、澳区省级政协委员联谊会会长马志毅的鼓励和支持，他们说：作为澳门同胞，有一颗爱国爱澳的心，并用心做事，应当鼓励；感谢中国政协文史馆的鼎力支持，给予这次展览展示的平台；感谢中国书画收藏家协会、云南省茶叶流通协会、人民政协报社、陕西省各界导报社给予的大力支持！

同时感谢故宫博物院故宫研究院原院长郑欣淼，我提出请他为本书作序时，他欣然应允并给予鼓励——年轻人应当有这样的干劲；感谢著名文化学者余秋雨老师的眷注，他不仅是普洱茶爱好者，更升华了普洱茶的文化内涵，他给予我的肯定让我更加有信心；感谢中国书法家协会主席苏士澍，一直以来都在潜移默化地影响我，我书写『写好中国字，做好普洱茶』的灵感，就是源于他坚持传承中华书法文化精髓的精神；感谢中国书法家协会理事卢中南，不遗余力地指点我练习书法，我铭记在心，他鼓励我说，练书法和经营普洱茶是一样的道理，不在时间的早晚，不在起点的高低，只要有心，世上便无难事，坚持就是胜利；感谢中国书画收藏家协会副会长潘衍习，他为帮助我更好地宣传普洱茶文化，为本书编撰了十六首关于普洱茶的诗作；感谢王红忠先生，他多年来默默地研究紫砂文化，填补了我在紫砂知识方面的空缺，提高了我对紫砂的认识，让我更深刻地领悟中国传统文化表现形式的多样性和相融性，也因为他，我结识了中国工艺美术大师季益顺等……再次感谢一直默默帮助我的领导和朋友，并致以最高的敬意！

在中华人民共和国成立七十周年之际，谨以此书，献给我爱的祖国，献给我爱的普洱茶事业。我们要共同开拓中华茶产业，弘扬中国茶文化，发扬普洱茶文化。

历史上，『茶马古道』作为特殊的符号象征流传万里，今天使之在『一带一路』建设中再发挥作用，让历来独有地位和影响力的中国普洱茶在新时代焕发出新的生命力，更有特殊的意义。

仙仙普洱茶大观园董事长：陈文吨

图书在版编目（C I P）数据

普洱春秋：普洱老茶系列暨茶诗书法集 / 仙仙普洱茶大观园编著. — 北京：中国人民大学出版社，2020.7

ISBN 978-7-300-27640-3

Ⅰ. ①普… Ⅱ. ①仙… Ⅲ. ①普洱茶—文化史 Ⅳ. ①TS971.21

中国版本图书馆CIP数据核字（2019）第237668号

普洱春秋

普洱老茶系列暨茶诗书法集

仙仙普洱茶大观园　编著

Pu'er Chunqiu

策划编辑　郭晓明　牛晋芳
责任编辑　孟庆晓
助理编辑　于　晨
书籍设计　彭莉莉　拾光书坊

出版发行　中国人民大学出版社
社　　址　北京中关村大街31号　　**邮政编码**　100080
电　　话　010—62511242（总编室）　010—62511770（质管部）
010—82501766（邮购部）　010—62514148（门市部）
010—62515195（发行公司）　010—62515275（盗版举报）
网　　址　http://www.crup.com.cn
经　　销　新华书店
印　　刷　北京华联印刷有限公司
规　　格　247 mm×294 mm　8 开本　　**版　　次**　2020 年 7 月第 1 版
印　　张　22.5　插页 3　　**印　　次**　2020 年 7 月第 1 次印刷
字　　数　37 000　　**定　　价**　980. 00 元

独家媒体合作

爱悦读 · 拓视界

ISBN 978-7-300-27640-3

9 787300 276403

定价：980.00元